第二个孩子更省心

中间小孩会自律，善创新

Catherine Salmon&Katrin Schumann

[美]凯瑟琳·萨蒙　卡特琳·舒曼　著

陈亚萍　译

时代出版传媒股份有限公司
北京时代华文书局

图书在版编目（CIP）数据

第二个孩子更省心 / (美)萨蒙(Salmon,C.)，(美)舒曼(Schumann,K.)著；陈亚萍译.
-- 北京：北京时代华文书局, 2014.1
ISBN 978-7-5699-0793-3

Ⅰ.①第… Ⅱ.①萨…②舒…③陈… Ⅲ.①人格心理学－通俗读物 Ⅳ.① B848-49

中国版本图书馆 CIP 数据核字 (2016) 第 020358 号

北京市版权著作权合同登记号 字：01-2014-4482

第二个孩子更省心

著　者 | [美]凯瑟琳·萨蒙　卡特琳·舒曼
译　者 | 陈亚萍

出 版 人 | 杨红卫
选题策划 | 李齐章
责任编辑 | 胡俊生　李　荡
装帧设计 | 未　氓　赵芝英
责任印制 | 刘　银

出版发行 | 时代出版传媒股份有限公司 http://www.press-mart.com
　　　　　北京时代华文书局 http://www.bjsdsj.com.cn
　　　　　北京市东城区安定门外大街 136 号皇城国际大厦 A 座 8 楼
　　　　　邮编：100011　电话：010-64267955　64267677

印　　刷 | 北京京都六环印刷厂　010-89591957
　　　　　（如发现印装质量问题，请与印刷厂联系调换）

开　　本 | 710×1000mm　1/16
印　　张 | 15
字　　数 | 250 千字
版　　次 | 2016 年 4 月第 1 版　2016 年 4 月第 1 次印刷
书　　号 | ISBN 978-7-5699-0793-3

定　　价 | 35.00 元

凯瑟琳·萨蒙（Catherine Salmon）博士，雷德兰兹大学心理学副教授。住在加利福尼亚州博蒙特。

卡特琳·舒曼（Katrin Schumann），记者、自由编辑、三个孩子的母亲。住在马萨诸塞州戴德姆。

对本书的赞誉

"妙趣横生，引人入胜……无论读者是不是中间小孩，都可阅读书中的有趣分析，关注手足情对人类生活的影响。"

——《天生反叛：出生顺序、家庭动态与创新生活》
作者弗兰克·J.萨洛韦

"令人着迷的一本书，由内而外地揭示了中间小孩的特质。该书建议中肯，裨益大众。"

——《进化心理学：心理的新科学》《欲望的演变：人类择偶的策略》
作者大卫·M.巴斯

致父亲：

出生在中间的开拓者和正义追寻者。

——C. A. S.

致格蕾塔：

我们总说，你有特殊的力量。

——K. S. S.

目　录

致　谢

没有我们的代理人、现波士顿的葛拉布街写作中心执行理事伊芙·布里德伯格（Eve Bridburg），就没有您手上的这本书。是她的远见、创造力和不懈努力，催生了这本书的出版。多谢你，伊芙，让我们在书里相遇。

哈德逊街出版社（Hudson Street Press）的卡罗琳·萨顿（Caroline Sutton）和梅根·史蒂文森（Meghan Stevenson）既给予我们悉心指导，又让我们保有创作自由。尤其要向梅根致敬。在创作过程中，梅根平易近人，催人奋进，又显示出极高的专业水平。

一路走来，感谢许多研究者、教师、朋友、同事和学生的倾力帮助。几十位"中间小孩"当事人花费宝贵时间，慷慨分享故事与想法。非常感谢你们每个人。现在，轮到大家听你们的故事了！

我们非常感激你们分享关于出生顺序和亲代投资的见解，尤其感谢人类行为与进化协会（Human Behavior and Evolution Society）的成员。特别感谢弗兰克·萨洛韦，他关于出生顺序的著作观点创新，启迪思考。

试读版的读者为我们确定了合适的基调。感谢莱恩·扎卡里（Lane Zachary）、珍妮弗·盖茨（Jennifer Gates）、埃米·阿尔康（Amy Alkon）、凯萨琳·巴克斯塔夫（Kathleen Buckstaff）和苏珊·卡拉汉（Susan Callahan）。关于"中间小孩如何做父母？"的调研，我们收到了大量的反馈意见。感谢来自戴德姆走读学校（Dedham Country Day）、河谷学校（Riverdale School）、脸书

（Facebook）和推特（Twitter）的父母。感谢你们花费时间，填写普查问卷：你们功不可没。庞大的奥马拉集团（O'Marah clan）更是竭尽全力。还要感谢积极领导者公司（Positive Leaders）首席执行官克里斯蒂娜·杜维威尔（Christine Duvivier）和《妈妈也要休息》（*Mothers Need Time Outs, Too*）一书的时讯订阅者，感谢你们响应我们的呼吁。

一本书的成功，很大程度依靠积极的市场推广。我们感谢哈德逊街出版社和企鹅出版社（Penguin）的尽心尽力。感谢伊桑·麦克尔罗伊（Ethan McElroy）做我们的网站指导。感谢克里斯蒂·佩里（Kristi Perry）所有的公关创意。感谢凯文·奥马拉（Kevin O'Marah）帮助完成调研。

凯瑟琳

我要特别感谢合著者卡特琳。与她的合作让人舒服。我抛出费解的学术解释时，她耐心倾听。作为中间小孩的母亲，她站在自己的立场上，提供了许多帮助。与她的合作，是一次完美体验。

还要特别感谢弗兰克·萨洛韦，帮我确立研究方向。作为同事，他为人慷慨，给予了倾力支持。尤其要感谢我的博导马丁·戴利（Martin Daly）和马戈·威尔逊（Margo Wilson）——对一个毕业生而言，他们是最出色的良师益友。你们时刻支持我，必要时鞭策我。还要感谢查尔斯·克劳福德（Charles Crawford）在西蒙弗雷泽大学（SFU）为我提供工作，让我在博士后阶段还能继续研究。

感谢我所有的亲友。在我研究工作和创作本书的每个阶段，你们都全力支持我。盖世理（Gazeley）大家族——你们证明了什么叫一家人。感谢利安娜（Leanne）、玛丽亚（Maria）、萨姆（Sam）和布鲁诺（Bruno）——你们是我的第二个家。虽然我离家几英里，但你们总在身边。贾尼丝（Janice），谢谢你带我见你的家人，时刻支持我。还要感谢剩下的几个人——卡萝尔（Carol）、葆拉（Paula）、黛比（Debbie）、格拉迪丝（Gladys）、罗宾（Robyn）、塔玛拉（Tamara）、贾森（Jason）、朱莉（Julie）、泰勒（Tyler）、约瑟夫（Joseph）、大卫（David）、特丽（Terri）、劳拉（Laura）、杰茜卡（Jessica）、温迪（Wendy）和安娜（Anna）。感谢你们包容我！埃米·阿尔康（Amy Alkon），我非常感谢你的鼓励和建议。感谢你这位优秀的朋友。

还要感谢我的家人——我挚爱的、每天都在想念的父母，以及我的哥哥——感谢你们给予我全部的爱。在我需要帮助的时候，感谢你们的支持。

卡特琳

合著作品的水平，取决于你的合作伙伴。没有比凯瑟琳·萨蒙更机敏乐观的合作者了。她给我很大的自由空间，使创作过程充满了乐趣。

谢谢你，凯文（Kevin），包容我那么多，允许我无穷无尽地思考。我创作的每一步，你都全力支持。还有，我的上帝，你的耐心超乎寻常。没有你，我完不成创作。

彼得（Peter）、格蕾塔（Greta）和斯文亚（Svenja）——你们头脑灵活，充满魅力，对我的创作投入了真正的兴趣。你们总是给我反馈和鼓励。当我发生实际偏离，甚至仅仅是思想偏离时，你们总能原谅我。我怎么配拥有这么出色的孩子？

如果没有我的父母，我今天就不会在这里分享我的观点。还有几位出众的导师——来自布鲁克林区罗伯特·富尔顿学校（P. S. 8 Brooklyn）的珀涅罗珀·纳尔逊（Penelope Nelson）、伦敦圣保罗女子学校（S. P. G. S. London）的辛西娅·霍尔（Cynthia Hall）、牛津大学布雷齐诺斯学院（B. N. C. Oxford）的理查德·库珀博士（Richard Cooper）和加州斯坦福大学（Stanford，CA）的玛丽昂·卢恩斯坦（Marion Lewenstein）。老师身上肯定有神秘力量。

感谢来自戴德姆和伦敦的朋友们，你们总是愿意倾听。尤其要感谢我的运营伙伴克里斯蒂（Kristi），她做梦也不会想到自己会对中间小孩这么了解。我还要感谢波士顿作者工作室（Writers' Room of Boston）和弗吉尼亚创作艺术中心（Virginia Center for Creative Arts）。这两所圣殿赋予作者空间与自由，寻找属于自己的故事。最后，感谢庞大的父母和中间小孩队伍——各位旧友新知——让我在家庭内外收获多多。是你们，让这本书活了起来。

第一部分

打破对中间小孩的谣传

第一章　对中间小孩的谣传

有一张在家拍摄的合影，我尤为珍视：在郊区舒适的客厅里，沙发上坐着四个人。那是在冶炼工之乡度过的圣诞节。窗外，岔道上积压的雪床总有一米来高，寒风从安大略湖呼啸而过。我靠在大人们脚下：九岁的我咧着嘴笑，浅浅的金发闪闪发亮。像往常一样，我又照模糊了。

我身后就是艾维斯。他深棕色的皮肤，牙齿洁白发亮，借来的冬衣穿着有些不合身。紧挨着艾维斯，是两位工程专业的非洲学生。照片的正中间，是我的白人父亲——在家中排行中间的他，对我的生活和工作产生了深刻的影响。

我的家乡在加拿大。这里到处都是盎格鲁-撒克逊和意大利裔的工人。人群中，黑人面孔是罕见的。包括我母亲在内的大多数人，甚至不想见到外人。我父亲却恰好相反，他是当地大学的工程学教授。邀请艾维斯和他两个孤独的朋友一起分享圣诞大餐，他也觉得没什么。他们远离故乡，身处冰冷陌生的异乡。父亲是个热心人，他也乐于招待外人。

倒不是因为父亲跟他们有着相同的成长经历。父亲住在加拿大东部，家里有四个儿子，他排行老三。他的整个童年，都在家里的农场上干活。可是，他想在与兄弟的比较中，找到自己的位置——作为排行中间的小孩，他不想淹没在人群中——最终，他成就非凡，优点突出。在我身边的中间小孩身上，我也看到这样的优点。父亲有着独特的优点：开明、忠诚、有魄力、有耐心、有同情心。坦白说，还有魅力。我记得，他会发明机器，会在家里讲小说人物，还允许我保留个性。他喜欢独立思考，也鼓励我要有主见。在我拿到博士学位前，父母都去世了。独立变得尤为重要。父亲一共有两个孩子，我是小的那个。正是由于父亲的缘故，我这个小孩才能坚持一生的事业，专注于中间小孩的研究。因为父亲排行中间，我才知道，这群人身上，还有更多鲜为人知的优点。

我好朋友莱斯莉，也排行中间。她家里有五个孩子。排行中间的孩子中，她占一个。她是个值得信赖的朋友。她有许多优点——她可靠、慷慨、善良、热诚。可是，这些年来，从她身上，我意识到，这群人也容易落入陷阱。莱斯莉愿意开几个小时的车，去帮助别人。可她的朋友以及同事，却无视她的慷慨。她难以拒绝别人，却总是受到伤害。

中间小孩的优点，有时会伤害自己，莱斯莉就是个典型：忠诚和慷慨也会走向极端。不用说，我陪着她难受。但是，她渐渐成熟起来，开始转变交友模式，开始关注自我需求。

这样的亲身经历，为我的专业研究打下了基础。多年来，我一直都在困惑——我认识的和历史上的中间小孩，似乎都能力突出，成就非凡。而人们对他们的看法，却与事实截然不同。我开始明白，人们对中间小孩的看法还存在误区。于是，我开始更加重视这群人。

经过十年多的研究，我得出结论，该让这群人进入公众的视线了。在本书中，我希望能帮助他们发掘自身被忽视的优点，并指导他们如何在日常生活中发挥最大潜力。中间小孩多才多艺，能力突出，所以也面临独特的挑战。本书将揭示中间小孩背后的秘密，为中间小孩及其父母、朋友和伴侣展现中间小孩容易陷入的误区。本书不仅可作为实际的指导，还具有启发思考的作用。我首次将科学数据、历史分析、名人档案和真人真事结合在一起，对中间小孩进行了重点分析。我花费十年的时间，试图揭开中间小孩的神秘面纱，呈现更加真实的全貌。你手上的这本书，就是我努力的结果。

事事总关家

随便找个人问问，他的自我认知、他的工作及家庭关系、他对未来的期待，是怎样受家庭动态影响的。你会听到一大堆答案。可是，尽管许多书探讨过出生顺序，却没有一本书是专门研究中间小孩的。关于这群人的研究少得可怜。于是，外界对他们一直持有错误的看法。

一开始，在研究院时，我的关注点是性别差异。可是，研究期间的发现，着实让我惊讶。在最初的一项调查中，我找来300名大学生，询问家庭关系情况。我提出的问题类似于"你认识的所有人中，跟你最亲密的是哪个？"，答案是父母的长子/长女占64%，小儿子/小女儿只占39%——最惊人的是，中间小孩回答是父母的只占到10%。我后续的研究以及一些海外学者的研究，都得出了大体相似的结果。

在我看来，这是一片新大陆。我发现，在对家庭关系的某些影响上，出生顺序比性别因素突出得多。中间小孩再一次证明，他们跟"老大"和"老幺"都不同。随着研究的进一步深入，我发现，他们与父母的关系较疏远。等到离家以后（尤其是上大学后），他们与父母的联系较少。他们对父母的经济投入和时间投入较少，却与朋友关系更近。他们性格上的表象矛盾深深吸引了我。从我的亲身经历和读到的材料来看，他们卓有成就。但是，研究显示，他们与家人疏远；与兄弟姐妹相比，他们感觉自己没那么强大；他们往往被公众忽略和贬低。这是怎么回事？

关于出生顺序，我阅读了大量的心理学文献，结果都一样。我发现，几乎没人把中间小孩当作特殊群体对待。通常情况下，他们和"老幺们"一起，被分在了"老幺组"。1982年，珍妮·基德韦尔（Jeannie Kidwell）对中间小孩做了贴切的分析。然而自那以后，书中的许多结论，还没有得到有力的理论支撑。不过，1996年，弗兰克·萨洛韦（Frank Sulloway）的《天生反叛》（*Born to Rebel*）是个叫人惊喜的例外。

萨洛韦是我论文答辩时的一位老师。作为麦克马斯特大学（McMaster University）的一名博士生，26岁的我惴惴不安地走进了答辩室。当时，萨洛韦已经是知名的专家。他有意让我放松，不会让我觉得自己是个傻瓜（答辩委员会许多成员，好像通常故意营造紧张气氛）。但是，让我受到鼓舞的，不仅是他对我的支持，还有他开创性的研究。在著作中，他做出假设，并通过实验证明，为出生顺序理论找到了强有力的心理学支撑。然而，萨洛韦和业内许多专家一样，关注点也是对比头生子女与后生子女。

中间小孩再次被抛在了黑暗中。我兴奋地抓住机遇，开始研究这群人。

长久的谣言

在总人口中，中间小孩占据了很大一部分。毕竟，拥有三个或三个以上孩子的家庭中，至少有一个孩子排在中间。在美国，约有7000万人（包括成人和儿童）是中间小孩。关于排行对这群人生活的影响，几乎没人关注。他们通常被称为"被忽略的小孩"——这一称呼，不仅指出他们在家庭成长中的遭遇，也揭示出研究人员对他们的忽略。

但是，人们又是怎么看待中间小孩的呢？纽约市立学院（City College of New York）有一项研究，针对各个家庭排行，让被试者列举三个词形容，并评估这些词的积极或消极含义。结果显示，"老大"最招人喜欢，积极特征多于消极特征。

不同的出生顺序中，都列有"有抱负""友好"等许多特征。但是，指示词"被溺爱"唯独没有被列在中间小孩身上。有些特征也只用来形容中间小孩，包括"被忽视/被忽略"和"迷茫"。事实上，中间小孩跟其他出生顺序的小孩一样，拥有许多积极词汇（例如"有爱心""外向""有责任心"）。而人们记住的，通常是与其他出生顺序的小孩不同的品质。在你印象中，中间小孩是什么样的？他们是"有抱负/成就非凡"，还是只有"被忽视"和"迷茫"？

关于各出生顺序的特征，最近一项研究调查了人们的看法。研究者借此探究这些看法对人们行为的影响。这一点意义深刻。这是因为，假设你认为"老大"最勤奋、最聪明，可能会影响你给哪位雇员晋升机会。说到底，我们对一个人的看法，影响了我们对这个人的行为。研究人员请斯坦福大学（Stanford University）的本科生参与问卷调查。填问卷时，需要为孩子、"老大"、中间小孩、"老幺"和问卷填写人五个项目进行评级，描述词包括讨人喜欢—令人讨厌、勇敢—羞怯、有创造力—无创造力。"老大们"被认为最聪明、最听话、最稳重和最有责任心。"老幺们"被认为感情最丰富、最外向、最健谈和最没有责任心。

那中间小孩呢？

中间小孩被认为最爱嫉妒、最没胆量和最不爱说话。从别人的评价来看，中间小孩给人的印象并不很好。

我们再来看看媒体对不同出生顺序的描述。多篇文章着重介绍了所谓的"中间小孩综合征"。根据来自网络、报纸和杂志的文章，该综合征有如下特征：

- 被忽视
- 愤恨
- 创造力低下
- 缺乏职业重点
- 消极的生活观
- 没有归属感

整体看来是非常消极的。这样刻画出来的中间小孩，无法在世界上立足，逃离公众的视线。他们愤世嫉俗、一事无成、孤苦伶仃。一位在书中谈到出生顺序的作者指出，一位读者来信抱怨说，跟其他出生顺序相比，没几页是写中间小孩的。作者嘲笑说，只有中间小孩——被人忽视、嫉妒心又强——才会关心那种小事。研究文献中，对中间小孩的关注很少。想到这里，我不由得同情这位读者，被这位作者惹恼。可是，这显然反映了外界对中间小孩的看法——至少目前为止是这样。

本书将解除关于中间小孩的旧日谣言，展现一幅迷人的、全新的人物特写。现实和预期恰好相反，中间小孩是商业、政治和科学的变革先驱——比"老大"和"老幺"们更出众。中间小孩具有出色的外交技巧，是清醒的合作伙伴。他们性格外向、头脑灵活，所以总能与人交好——无论是在职场，还是在家里。推动他们做人生抉择的因素，更多的是公平，而不是金钱。他们的家庭、朋友和忠诚观念很重。历史表明，他们是冒险家和开拓者。然而，他们却因为可怜的自尊心，而经受不必要的折磨。通过本书，我希望澄清真相。

我们对出生顺序痴迷的根源

长久以来，人们对出生顺序就抱有兴趣。早在1874年，弗朗西斯·高尔顿（Francis Galton）创作了《英国的科学家们：他们的禀赋与教养》（*English Men of Science: Their Nature and Nurture*）。他致力于出生顺序和个人成就的关系研究，发现出生顺序确实影响着个人成就。你只要看看诺贝尔奖获得者、古典乐作曲家和著名心理学家中，有多少位是"老大"？你会发现，这也是有事实依据的。但是，这就意味着跟头生子女相比，后生子女天赋一般，能力平平吗？或者简单下结论说，同时期的"老大们"——尤其是男性——比其他出生顺序更有资源优势吗？

过了几十年，奥地利医生阿尔弗雷德·阿德勒（Alfred Adler）建立了个体心理学学派。阿德勒最为人所知的，可能是其对心理咨询与精神疗法专业的影响。但是，他也是第一位研究出生顺序的知名专家。在七个孩子中，排行第二的他，是个受人欢迎的孩子，但学习成绩却很一般。作为一个男孩，阿德勒完全可以与哥哥西格蒙德（Sigmund）相匹敌。在后来的著作中，他强调，出生顺序对个体发展有着深远的影响。

在阿德勒看来，在第二个孩子出生前，"老大"是家里疼爱和培养的唯一对象。兄弟姐妹出生时"老大们"的经历，他用"废黜"（dethronement）这个词来形容。在一个拥有三个孩子的家中，"老大"被认为最有可能患神经过敏症，最有可能受药物滥用的折磨。他们不仅丢掉了养尊处优的地位，还要担负起太多责任。所以，他们要补偿自己。阿德勒指出，"老大们"很有可能锒铛入狱，或患上精神疾病（跟高尔顿的结论正好相反）。他认为，"老幺"被过分溺爱，会导致他们缺乏社会同情心。

那中间小孩呢？由于他们既不会被"罢黜"，也不会被过分溺爱，阿德勒认为，他们是各出生顺序中最有成就的。他把中间小孩单独划作一个组，值得受人尊敬。然而，支撑他观点的，却只有临床观察和逸事证据。

在最近的历史上，出生顺序成为热门话题，造成20世纪上半叶的相关研究剧增。然而，在这些研究和预测中，大多数没有强有力的理论基础。事实上，这样的研究成果有成百上千项。1983年，瑞士研究人员厄恩斯特（Ernst）和昂斯特（Angst）做了一篇言辞苛刻的文献综述。他们回顾了1946年到1980年有关出生顺序和个性的所有研究，并表示出生顺序的影响是微乎其微的。这一结论阻碍了接下来许多年的深入研究。

但随后的讨论主题转变了

一直以来，都没有人问为什么。为什么特定的出生顺序反映出特定的个性特质和行为举止？关于这一点，有观察结果吗？先不问有什么不同，先问问为什么一家出来的兄弟姐妹这么不同？为什么一个孩子听话，另一个反叛？现为加州大学伯克利分校个性与社会研究学院访问学者的弗兰克·萨洛韦改变了这一切。

　　萨洛韦在工作中以理论测试为中心，看重细节。因此，他引领了一场革命，改变我们对出生顺序的看法。他根据厄恩斯特和昂斯特的1946—1980研究样本（以社会阶级和兄弟姐妹数量为控制因素），审阅了其中涉及的所有研究。与两人先前的结论不同，他发现，出生顺序影响的方式不多，但却呈现一致性特征。具体说来，他注意到，"经验开放性"和"尽责性"①的个性特质倾向是最强烈的——后生子女更爱打破常规，更有冒险精神。头生子女则比后生子女更加有责任心。这跟他预想的结果恰好一致。

　　萨洛韦的研究支持了一个概念，即个性发展的源头在家庭环境中。每个孩子经历的家庭环境是不一样的。在《天生反叛》一书中，他指出，出生顺序差异的影响不只停留在家庭层面，也延伸到社会层面。不过，他的整体观点也不是没引起争议。关于他强调家庭环境是个性形成的塑造因子，儿童发展研究学者茱蒂·里奇·哈里斯（Judith Rich Harris）表达了强烈的异议。她提出，朋辈影响是最关键的，在《教养假设》（*The Nurture Assumption*）和《没有两个人是一样的：人类禀赋与人类个性》（*No Two Alike: Human Nature and Human Individuality*）中。

　　于是，正当我埋头于自己的专业研究时，有关出生顺序的争论再次升温了。我正好赶上最激烈的时候。

---

　　① 源自五大性格模型或五因素模型（The Five Factor Model，FFM），现代心理学中描述最高级组织层次的五个方面的人格特质，即"经验开放性"（Openness to experience）、"尽责性"（Conscientiousness）、"外向性"（Extraversion）、"亲和性"（Agreeableness）、"情绪稳定性"（Emotional Stability）。

为什么出生顺序很关键

关于出生顺序影响的争论，我倾向于哪一方？我当然同意朋辈在塑造年轻人的行为上起着重大作用。但是，我认为，忽视父母对幼儿的影响——尤其是亲代关注的影响，或缺乏亲代关注的影响——也是不合理的。毫无疑问，个性刚刚开始形成的幼儿，比青少年受到父母的影响多。儿童的个性，不是被动地受朋辈影响形成的。他们会主动选择朋友。然而，在本书后续部分，我们会看到，中间小孩比其兄弟姐妹更容易受到朋辈影响。

一些心理学家还在怀疑出生顺序影响的存在。但是，多项研究表明，头生子女与后生子女的根本差异，表现为以下五项基本个性特质：

1. 外向性
2. 亲和性
3. 神经过敏性
4. 经验开放性
5. 尽责性

一次次的性格测试，不断地呈现出这五个维度，无论测试是在哪个国家，哪种语言下操作。然而，由于提问方式和打分标准的不同，结果也可能存在些许变化。在我看来，测试结果的强烈一致性，证明出生顺序对个体性格发展有着明显的影响。

此外，如果研究者把精力多放在研究个体出生顺序上，而不是按照他们的惯例，把中间小孩和"老幺"混为一谈，我们就能更加清晰、详细地找出差异。几年前，刚开始研究出生顺序和家庭时，我马上就明白了，中间小孩应该单独分组：他们跟"老大"和"老幺"完全不一样。我看到的证据显示，与兄弟姐妹相比，中间小孩的社交策略是不同的：这反映出，他们在童年环境中，面临着与众不同的挑战。

我经常想起我父亲。他的开放和耐心，展现了一个与公众眼中不同的"中间小孩"形象。这也是我珍视那张老照片的原因——照片上有一位微笑的非洲人艾维斯，还有一个金发小女孩——长大后的小女孩，将会痴迷于探究人类行为方式的缘由。

每个孩子都在寻找合适的位置

那么，在同样的基础环境下，是什么让同一个家庭的孩子做出了不同的反应呢？大多数研究者同意，大约40%的个性差异，来自遗传影响。还有几乎同样比例的差异（约35%）是由于出生顺序造成的非共享环境。我们说家庭环境"非共享"，是因为每个孩子经历的家庭环境是不同的。

我们知道，在怀胎阶段和营养条件相同的情况下，DNA决定着一个人有多高，是卷发还是直发，甚至决定他偏爱使用左脑还是右脑——换句话说，决定了他们喜欢先锋派，还是天体物理学。那么，出生顺序是怎么起作用的？它使孩子选择合适的位置，变得特殊化：要是你哥哥是篮球运动员，弟弟是足球明星，那么，哪怕你身高一米八几，喜欢运球，你也很有可能喜欢读书，而不是体育运动。你正是在寻找位置的过程中，凸显了自身的个性，抓住一点稀缺资源——父母的关注。

在亲代资源分配时，每个家庭都是不同的。甚至，在有多个幼崽的动物群中也不例外。兄弟姐妹间总在竞争这些资源——无论是父母的时间、关注、疼爱，还是金钱。为了在亲代投资中保持竞争力，最好的方式就是找到自己在家中的位置。家庭位置的不同，是遗传变异、性别差异和出生顺序影响形成的。

每个出生顺序上的孩子都在努力寻找唯一的位置。因此，出现了家庭分工，减少了直接竞争。这样一来，父母想对比两个孩子的能力高低，也更加困难了。

一般情况下，在这轮较量中，头生子女最轻松。因为，他们可以先选位置，不用担心其他兄弟姐妹的选择。（不过，要记住，只要他们不再是独生子女了，多少都会被"冷落"。）如果你认为，在家庭环境中，保持个性是维护自身利益的策略，那么，以下结论也就讲得通了：头生子女的典型特质是高度的尽责性——他们自我约束，有条有理——以此取悦父母，维持父母的青睐。头生子女想维持自己的特殊位置，不想被"冷落"，也是很自然的事。

另一方面，后生子女一出场，就发现某些家庭角色已经被人占了。经验开放性使他们在寻找自身位置的过程中，更愿意尝试不同的角色，发展不同的能力——找到与哥哥姐姐不同的位置。

兄弟姐妹间的多元化手段

孩子是极端的敏感分子。跟兄弟姐妹的一个消极比较，就能让一个孩子寻找不同的兴趣。但是，即便比较不是消极的，创造特殊个性的动力也很强大。

我父亲小时候生活的农场有两个兄弟，长得没什么两样。他们看起来非常像，都是中等个头，体格相当，都是光滑的娃娃脸，深棕色的头发，深棕色的双眼（还有后来一起后退的发际线）。然而，随着一天天成熟，他们的差别越来越大了。哥哥变得健壮、严肃、有担当。弟弟就比较喜爱社交，后来他受伤了，没法再过农场生活，就高兴地投身房地产了。

再说说我父亲。在家里，他上面的两个孩子学习都不出众，也对外面的世界不太感兴趣。于是，他就选择了求学之路。他是个出色的学生，一心投入学习。他迷上了机械后，就开始拆解机器，发明新物件。父母默许了他的特殊兴趣。作为一个中间小孩，他倾向于按照自己的想法行事。相反，为了显示与我父亲的不同，我最小的叔叔目前还在经营那片养育他的农场。

如果他的哥哥们学习成绩好些，我父亲也许会痴迷于体育，或者选择与哥哥们完全不同的专业了。关键在于，每个家庭中，每个孩子都在努力寻找与众不同的兴趣，以获得更多的亲代关注。

在以竞争换资源的大多数社会物种中，会形成支配等级。不妨想想禽鸟的等级[①]。一旦个体明确了自身地位，攻击也就没必要了：在禽鸟等级中，支配者具有优先权，随后轮到下一个等级。在支配等级中，为了竞争资源，兄弟姐妹采取什么策略，是受体格和力气影响的。而这些通常与年龄有关。年龄大的孩子，从体格上就能威胁弟弟妹妹了。由于这个动态因素，头生子女通常有支配权和独断权。当父母发现并阻止这种体格策略，头生子女会表明在家中的身份和地位，试图表达自己的支配权。他们会通过满足父母的需求和期望，来实现这一目的。结果，他们通常获取了领导弟弟妹妹的权威——这种地位本身，就是一种"伪亲代权威"。

不出所料，"老幺"最拿手的就是弱小者策略。兄弟姐妹纠纷中，家里的老幺不用体力威胁别人，而是直接找父母帮忙。我们都见过，一个小女孩哭哭啼啼地跑到父母身边，告哥哥姐姐不带她玩。或者，一个小男孩大发脾气，因为哥哥姐姐有好吃的、好玩的，不分给他。

中间小孩还能用什么策略？他们不像"老幺"们那样，能得到父母的支持，通常只能主动谈判。我们会看到，这一动态因素的出现，有助于发展多项能力。长远来看，这对中间小孩大有帮助。

多样的策略让每个孩子在家中找到自己的位置，减少了兄弟姐妹间的直接竞争。这一过程似乎会使出生顺序相邻的兄弟姐妹差异更大。比方说，以下两组间的对比：第一个孩子和第二个孩子，第一个孩子和第三个孩子。从我父亲

---

① 禽鸟的等级，指最凶的可啄次凶的，次凶的可啄一般的，以此类推。

家中，我们就能看到这一幕。虽然是最后出生，但跟我父亲相比，他弟弟其实反叛意识较弱，也比较不愿意冒险。"老大"有责任感，遵守规则，通常扮演代理父母的角色；"老幺"想完全照搬，没有任何优势。于是，我父亲压力小了，不用非得走预期的道路——那条回到南安大略农场的路。

但为什么亲代投资这么重要

许多动物物种根本不用亲代抚育。可是，人类父母不仅提供生存的基本物质手段（食物、住所和保护），还培养孩子顺利过完一生所需的发展技能。稍微想想其他物种的亲代抚育——有些投入极少，有些投入很多。比如说，乌龟下完蛋，甚至不会再看孩子一眼。狮子和狼会教幼崽捕食技能。熊在幼崽出生后，会全力保护好几个月。

人类抚育子孙的原因，通常来自文化习俗。在不远的过去，主要的继承制度还是长子继承制。这就是说，如果一家有四个孩子，老大和老二是女孩，老三是男孩，老幺也是女孩。那么，老三——第一个出生的男孩——就会继承家里所有的财产。那孩子不管是第几个出生，都会比其他孩子得到更多的亲代关注。但到了今天，如果父母不能一视同仁，我们就会感到很不舒服。在大多数文化中，公平分配是父母养育子女过程中的理想模式。不过，这当然不是说，这种理想模式总能实现。事实上，历史证据和来自当代部落社会的证据都表明，亲代资源的分配常常是不公平的。

生物学家罗伯特·泰弗士（Robert Trivers）最先解释了在抚育后代中"亲代投资"的概念。父母在一个孩子身上投入的时间、金钱和疼爱越多，这个孩子就越有可能存活下来，并繁衍后代。但是，这样的投资，代价当然是减弱父母对其他孩子的投资能力——不管"其他孩子"是自己现在的兄弟姐妹，还是将来的兄弟姐妹。我们认为，在禽鸟当中，这样的投资就是喂食和保护巢穴。在人类中间，就包含许多活动，从食物、住所到教育，再到钢琴课，甚至是花样滑冰。

可以想象，一个孩子获得的亲代抚育越多，他越能健康成长。如果亲代投资水平极低，低于生存所需的亲代投资水平，甚至会导致死亡。但是，如果亲代投资水平过高，也会超过回报递减点——超过这一点的亲代投资，孩子没法充分利用。这样的情景，就发生在我们每天的家庭生活中。以头生子约翰尼（Johnny）为例。他溜冰很出色，但他并不是真爱这项运动。所以，他选大学校队时，也不会选冰球校队。在他的案例中，再多的实践和冰球露营已经没有太多用处或趣味了。事实上，如果不管约翰尼的其他天赋和愿望，一味打冰球会产生负面效果。约翰尼的妹妹琼（Joan）是个中间小孩。她常常被忽略（对她的亲代投资很少）。

因为如果得不到持续关注，家里的小宝贝苏（Sue）就活不下去。（父母必须对婴儿投资很多。）如果父母意识到，可以这样做：在某一时刻，父母的用心和关注可以从约翰尼转移到中间小孩琼身上。在这个场景中，对大儿子的投资可能回报不佳，而婴儿完全可以靠亲代抚育存活。所以，如果二女儿也得到一些亲代投资，总体回报会更大。只要父母多一点时间和鼓励，琼就有可能找到感兴趣的活动。

适者生存

当然了，影响家庭动态的不仅仅是文化传统，基本生物冲动也扮演着关键的角色（但表现不明显）。在我们诸多本能行为和习得行为的背后，是强烈的、明确的生存渴望。如果一组父母花大量精力投资不可能成熟和繁衍后代的孩子，另一组父母把大量精力投资在将来会抚育子孙的孩子身上，那么，在繁衍后代方面，后者很快就会超过前者。从这个角度看，能繁衍的孩子更有价值，因为他们为父母增添孙辈，延续父母基因，因此提升了本家族在未来的遗传发展。

这就是繁衍值，用以描述未来繁殖的可能性。它在考量某个孩子的"价值"上起着重要作用。随着年龄的增长，繁衍值逐渐增加，直到青春期。过了青春期的孩子，其实比战胜婴儿死亡率存活下来的小孩更有价值。

从某种程度上说，头生子女从生物学上锁定了父母的关注。然后，他们捍卫父母的价值观和地位，维持了这种关注。而后出生的子女则更有可能喜欢反叛。

不过，父母的年龄也很关键。随着父母年龄的增长，每个孩子的适应度值[①]提高，父母身上的繁衍值下降。由于随着年龄的增长，父母生更多孩子的可能性急剧下降，年长的父母开始比青年父母对孩子的投资高。这样提升了健康的成年人育子的可能性；并且，也提高了年老的父母受照顾的可能性。

在控制婚姻状况和资源可用性等其他因素的情况下，年轻点的母亲比年长点的父母更有可能杀死新生儿。这是因为，年轻点的母亲再次怀孕的可能性较大，所以，她们未来还有很多生育机会。但是，对于年长点的父母而言，这可能是她们最后一次机会要孩子。

我们来看看，这对中间小孩和"老幺"意味着什么。从亲代投资上来说，"老大"很明显有着先天优势。年长点的父母则在"老幺"身上投资越来越多：可以说，这是他们的最后一次机会。事实上，只有"老幺"不需要跟弟弟妹妹的需求竞争，就能得到亲代投资。

这意味着，在亲代投资和亲代关注上，中间小孩会失败。在后面几个章节，我会再次谈到这个重要的主题。

---

① 适应度（Fitness），又可称适存度或生殖成就，是生物学特别是群体遗传学、数理生物学中用来描述拥有某一特定基因型的个体，在繁殖上的成功率或能力。

当兄弟姐妹变成对手

蓝脸鲣鸟是一种在热带海岛繁衍的巢居海鸟。它们筑巢于浅浅的沙洞中。一个巢每次只能下两颗蛋。第一颗蛋孵化以后，就皆大欢喜了——至少开了个好头。

第二颗蛋孵化的几天中，大幼鸟就会把小幼鸟赶出温暖安全的鸟巢。小幼鸟后来因为暴晒或饥饿而死在沙滩上。同时，鸟爸鸟妈对这种同胞相残坐视不理。或者是因为它们也阻止不了，或者是因为无论对活下来的幼鸟，还是对它们本身而言，这都是最有利的。

但是，有一类叫蓝脚鲣鸟的近源物种，却与它们完全不同。如果蓝脚鲣鸟住进蓝脸鲣鸟的巢里，第一个孵化的蓝脸鲣鸟会像对待弟弟妹妹一样，杀掉入侵者。如果蓝脸鲣鸟住进蓝脚鲣鸟的巢里，作为养父母的蓝脚鲣鸟会阻止蓝脸鲣鸟杀掉其他小鸟。这大概是因为，在这一物种中，对鸟爸鸟妈而言，从亲代适应度来看，让两个小鸟活下来的价值，高于让第一只小鸟活下来的成本。

这样的对比很有趣，但很明显，人类跟鸟类一点都不一样：我们的孩子通常不会想杀死兄弟姐妹。不过，为了获得父母的疼爱和关注，兄弟姐妹间的斗争是激烈的，尤其是孩子都年幼，且年龄接近时。教我的一位教授讲过一个故事，让我哈哈大笑，又让我多年来无法摆脱。他四岁时，七岁的姐姐带他到后院，让他躺在一个坑里。姐姐计划铲好土，扔到弟弟身上，让气人的弟弟彻底消失。他很疑惑，即便泥土扔到身上，他也没弄清姐姐要干什么。他们的妈妈阻止了这一切，他最终安然无恙。但是，抓住亲代关注的本能冲动仍然很强烈，使得姐姐还在密谋策划，实现她在家中梦想的画面。

像我一样的进化心理学家和生物学家希望，对于长远看来对父母有益的孩子，父母要投资更多的时间和关注。我们也希望，孩子能对这个问题有不同的看法。因为，平均起来，生物学上的兄弟姐妹只遗传了父母一半的基因，因而兄弟姐妹间的合作是有自然极限的。在亲代资源分配上，他们很有可能看法不一。

父母可能在尽力一碗水端平，而孩子却总是喜欢自己分到一大块蛋糕（我们知道，有时候差不多就是这样）。结果也不出所料，在几个孩子资源分配是否公平的问题上，父母和孩子出现了分歧。兄弟姐妹冲突或敌对是经常事件，也在出生顺序差异中扮演着重要角色。这也是中间小孩经常谈论的话题，还常常带着痛苦。他们想到自己时，几乎总离不开兄弟姐妹，却无法将自己看作独立的个人。

中间小孩在哥哥姐姐的阴影中成长，也不得不把自己当成他们的对手。父母甚至兄弟姐妹在不知不觉中也助长了这种心态。当家中诞生新生儿，或出现下一个孩子时，由于新对手的出现，会冲淡原先的敌对状态。中间小孩不再是小孩了，必须在新的家庭结构中寻找自己的位置。中间小孩不知道怎么定义自己的家庭角色——这是中间小孩感到挫败和产生误解的最大源头。

本书试图探寻什么

读过出生顺序的研究文献后，马上就能发现，学者关注最多的是"老大"。但是，你很快也会发现，中间小孩身上隐藏着一些有趣的特质。

中间小孩通常不清楚，如何利用家庭经历，开发出成就未来生活的策略。中间小孩的父母也通常不觉得自己的中间小孩有多出众能干。我认为，一旦认识到并鼓励这些不可思议的非凡能力，中间小孩——及其父母、朋友和爱人——都将受益颇多。十多年前，当我刚开始关注中间小孩时，我获得的信息越来越多。我发表文章，搜集故事，然后发现我正在揭开的秘密力量，几乎被公众完全忽略了。

本书将帮助中间小孩区分现实与谣言。本书旨在阐明中间小孩身上的隐藏能力，帮助他们开发这些能力，并认识和战胜自身缺点。本书通过讲述中间小孩的独特经历，回顾过去，评说现在，展望未来。

对父母而言，本研究将帮助父母判断哪些特质或活动应该鼓励，哪些应该阻止，揭示如何使孩子在复杂的家庭环境中茁壮成长。在本书中，我提出了几个问题：我最大的孩子需要我全部的关注，最小的孩子得到了我全部的关注。我该怎么做，才能让中间小孩感受到疼爱？我应该增加面对面交流的时间吗？我这个神秘莫测的孩子将来会怎样？本书旨在为父母提供系统化的帮助，揭示在家庭等级压迫中，怎样培养中间小孩的生活技能，使其成长为爱交际、有责任心和善于自我激励的成年人。借此，父母们将意外地发现教育其他孩子的方法。通过中间小孩的研究，你会惊奇地发现，父母的"忽视"也不是一无是处，这会让父母们明白许多道理。

本书分为两部分。在第一部分，我借助历史分析、学术研究、名人及普通人案例研究，阐明了中间小孩先前被忽略的隐藏特质。有趣的是，历史上和当代的许多名人都是中间小孩。这些人怎样借助中间小孩的状态，开发了自身能力？本书的分析将令人激动。

第二部分比较有指导性和说明性：我将重点关注"生活动态中"的中间小孩，探索他们特殊的性格如何影响每天的工作、娱乐和爱情。在此，我将展示中间小孩特点，帮助他们做出明智的长期事业决断。我还会揭示哪些人际关系适合他们，哪些不适合。我分析了父母现在培养中间小孩的做法，建议父母应该把精力放在哪里。我第一次总结并阐释了一项开创性研究——中间小孩如何抚育自己的孩子。

对我而言，这是一场趣味横生的发现之旅。我希望，对你们也是一样。

第二章　如何判断你是不是中间小孩

　　他的名字取自"狮心理查德"①，但他却有复杂的性格问题。他家里有五个男孩，他是其中之一。他出生在加州约巴林达城（Yorba Linda）的一片柠檬园。他家是其父亲用预制件搭建的两居房。理查德·尼克松（Richard Nixon）是家里的第二个孩子。在尼克松家的三个中间小孩里，他是最大的。

　　尼克松12岁时，还在哺乳期的弟弟亚瑟（Arthur）生病了。亚瑟这个卷发的小捣蛋，曾经在家里最得宠。"他死前那几天，唉，我记得很清楚，"在1983年的一次电台采访中，尼克松说，"给他做了脊椎穿刺后，发现是结核性脑膜炎，说是没救了。父亲走下楼梯……说，'他们说，'——他哭得不行了——'他们说，小家伙快死了'。"

　　刚过了没几年，尼克松敬爱的哥哥哈罗德（Harold）开始日渐消瘦。哈罗德是尼克松家的老大，个头高高的，是位金发帅哥。他智慧与魅力并存，很有女人缘。柠檬园败落后，一家人搬到惠蒂尔（Whittier），开了一家加油站兼杂货店。家里财政紧缩。为了保住他的命，哈罗德和母亲不顾一切，搬到了600多公里外。那是位于亚利桑那州普雷斯科特的一家疗养院，空气相对干燥些。他熬过了五个年头，死于肺结核。"哈罗德死的时候，好像……好像一切都完了。"尼

---

　　① 理查德一世（1157—1199），中世纪著名的英格兰国王，因其在战争中总是一马当先，犹如狮子般勇猛，因此得到"狮心王"的称号。

克松说。

尼克松青少年时期，大部分时间是四个男孩中的老二。然后，他突然成了三个男孩中的老二。在尼克松少年时期，哈罗德和母亲搬走时，他成了家中名义上的老大。在此期间，家里又添了一个男孩，于是，尼克松又成了四个男孩中的老二。最后，大儿子哈罗德去世了，他正式成为家里的老大。

他这样的经历，还算"真正的"中间小孩吗？几个中间小孩中的一个？尼克松不到21岁时，他哥哥和其中一个弟弟都死了。随后，他从形式上讲是不是就算大儿子了？他既机智精明，又自欺欺人，让人震惊——他复杂的个性，是不是出生顺序和成长环境造就的？或者说，这从内在上影响着他个性的形成？

区分实际上的出生顺序和观念上的出生顺序

关于出生顺序，人们喜欢简单评估基本的家庭结构后，仓促地下结论。他们没意识到，在判断真正的出生顺序时，多重因素在起作用。例如，多于三个孩子的家庭（比如尼克松一家），或者重组家庭——比如出了名的荧屏家庭《脱线家族》（*Brady Bunch*），又该怎么算？如果你有个哥哥/姐姐，再有个弟弟/妹妹，你就一直是中间小孩了？如果你其实是"老大"或"老幺"，会不会也表现出中间小孩的个性呢？如果几个孩子的年龄差距很大，又会怎么样？那会对一个孩子的出生顺序产生怎样的影响？离婚、死亡或残疾，又会怎样影响出生顺序？在过去，先出生的女孩甚至都不被看作真正的后代。只有家里的男孩，才会有人重视他们的出生顺序。在今天的某些地区中，是不是还是这种情况？

在第一章，我介绍了亲代投资的概念及其对孩子的影响。出生顺序赋予力量的关键在于，在任何一家人中，每个孩子获得的亲代投资（时间、关注和金钱）是多少。每个孩子经历的家庭生活是不同的。这取决于孩子的出生顺序是第一、最后，还是中间。

不过，其他因素当然也会起作用。在理查德·尼克松的案例中，小弟的去世和不久后大哥的不幸陨灭，都对他的人生产生了深远影响。对他的关注受到损害，不仅是因为他在家庭结构中的位置，也是因为特殊的家庭环境。他先是形成了中间小孩的性格。可是，成了尼克松家的长子后——作为成年人，他又获得了长子的地位，因而家庭角色发生转变。但是，我们会看到，出生顺序的复杂性并没有到此结束。如果尼克松家的"老大"是个女孩呢？尼克松作为第一个男孩，会不会一直被视为长子，并承担起长子的责任和压力？如果尼克松比哥哥晚出生十年，并且哈罗德死时，尼克松已经成年了呢？

我们就开始探索这些细微差别吧。

一个家庭的中间小孩可能不止一个

当布什家族齐聚得克萨斯州时，他们要找个有广角镜头的摄影师，拍下每个家庭成员。他们的笑脸来自不同种族，上面有收养的孩子、亲生的孩子、孙儿孙女、老夫妻和新夫妻。美国第41任总统乔治·赫伯特·沃克·布什（George Herbert Walker Bush）有六个孩子和十四个孙辈。在老布什的六个孩子中，谁是中间小孩？第43任总统乔治·小布什（George Bush Jr.）是"老大"，随后是罗宾（Robin）、杰布（Jeb）、尼尔（Neil）、马文（Marvin）和多萝西（Dorothy）。罗宾死于白血病后，杰普·布什才出生，家里剩下五个孩子。后来成为商人和教育改革倡议者的尼尔，上面有两个哥哥，下面有一弟一妹，这时算是排在中间。那么，尼尔算不算家里真正的、唯一的中间小孩呢？

虽然与直觉相反，但不妨这样想想：在一个家庭中，"老大"或"老幺"可能不止一个。我们假设有对夫妇生了一个孩子，但孩子夭折了。两年后，他们又生了一个。虽然严格来讲，那个孩子是老二（要是家里再添个孩子，就成了中间小孩），但仍会被视为老大。同样，如果一个家庭原来有三个孩子，意外又添了第四个，老三和老四相差八岁，那么，最小的孩子就兼有"老大"和"老幺"的特点。

一个家庭也可能有多个中间小孩。由于家庭环境的变化，这个位置也会发生转变。在布什家里，杰布、尼尔和马文都是中间小孩。这三个孩子都没当过家中的长子，并享受独生子的待遇。他们出生后，家里都添过娇生惯养的新生儿。因此，"老大"和"老幺"之间出生的每个孩子都是中间小孩。

不过，说布什家的这三个都是中间小孩，当然不是说他们都一样。在这三人小组里，每个中间小孩都在为自己那份蛋糕奋斗。区别于大点的中间小孩选择的方向，小点的中间小孩总要发展自己的方向。他们可能有着某些相同的个性特质——比如说天生会谈判，喜欢打破常规——但是，他们最有可能选择唯一的兴趣领域，好显出与其他人的区别。

你是男是女，大有不同

特蕾西（Tracy）是个甜美的卷发女孩。她家位于美国中西部，她是四个孩子中的老大。朱莉（Julie）是老二，浅黄色头发的弟弟约翰（John）是老三，他们是家里的两个中间小孩。几年后，小弟大卫（David）出生，是个精力过剩的捣蛋鬼。每个孩子跟上一个孩子相差都不到两岁。

孩子的爷爷奶奶和叔叔姑姑住得不远。他们都住在一个小镇上，相互间的距离不超过16公里。大多数周末——孩子高中毕业上大学前——总能看见他们聚在姑姑或叔叔家里，跟堂表兄妹们玩耍，或狼吞虎咽地吃烤肉。作为最大的孩子，特蕾西是几个孩子的大姐，经常照看弟弟妹妹。大家庭里的孩子越来越多，她也全部照顾。

约翰出生时，特蕾西的身份发生了重大变化。她爷爷满是自豪，好像这个健壮的宝宝是自己生的一样。特蕾西的爸爸会把约翰抱到亲友面前，咧嘴笑着说："就是他，神圣的约翰五世！"尽管特蕾西不知道"神圣"是什么意思，但她知道这样的称赞意味着什么：终于有个男孩，可以继承她曾祖父的名字了。

约翰·奥唐纳一世（John O'Donnell the first）是个士兵，参加第一次世界大战时战死沙场。他留下了儿子约翰·奥唐纳二世和其他六个孩子。特蕾西敬爱的爷爷是约翰·奥唐纳三世。她爸爸是约翰·奥唐纳四世。所以，这个新生儿，这个唯一的男孩，就成了约翰·奥唐纳五世。从他出生那天起，家里人就期望他继承家族的名字，为整个家族增光。

小约翰显然是个中间小孩，但一家人却把他当"老大"看待。如果他是个女孩，就不会获得这么多关注。如果性别没有任何影响，特蕾西应该会变得果断自信、尽责可靠、遵守规则和追求完美。而约翰则会比较悠闲、友好和有耐心。但是，特蕾西总在照顾弟弟妹妹（证明她勤奋和可靠的本性），约翰却比大姐有进取心，更加追求完美。

在约翰的案例中，决定亲代投资、关注和期望的指标，更多的是性别，而不是严格的出生顺序。特蕾西是"老大"，但更重要的是，约翰是"大儿子"。因此，他的个性兼有老大和中间小孩的特质。

不同的文化，不同的习俗

不同的文化，不同的家庭，对性别的态度也不同。人类学家米尔德丽德·迪克曼（Mildred Dickemann）回顾了印度种姓制度下的杀婴历史信息。他发现，在20世纪前，在高级种姓中，杀婴行为是很普遍的，而女婴是通常的受害者。在这些种姓中，女孩只能嫁给本种姓人，不能嫁给低种姓人，所以，她们几乎没有婚姻选择权。在高种姓的印度家庭中，男性可以娶本种姓或低种姓的妻子，从抚育孙辈的角度上看，对男孩的投资收益更大。因此，父母相应地更偏重对男孩的投资。

相反，在社会等级较低的群体中，男性喜欢娶低种姓的妻子就意味着女孩在繁衍后代方面胜过男性。所以，父母更偏重对女孩的投资，因而杀女婴的比例会低很多。

在有些群体中，占有金钱对男性生殖成功起着重要作用，富人之家通常偏爱儿子（或对儿子投资很高）。英格兰的威廉王子（Prince William）通常被称为"继承人"，他弟弟哈利（Harry）被称为"后备继承人"，也是有缘由的。

在公众眼中，演员汤姆·克鲁斯（Tom Cruise）热情积极，取得了杰出的成就。他是个中间小孩，在父亲的打骂中长大。他母亲跟父亲离了婚，带着孩子搬出了家门。克鲁斯患过失读症，上过八所初中和三所高中，没上过大学。但是，他没有因此退缩。在我们看来，汤姆·克鲁斯的专注力和好胜心都是"老大"的特征。换句话说，他虽然在四个孩子中排第三，但他算是"老大"——因为他是第一个出生的男孩。

当女孩占上风

有的社会喜欢男性后代，也有的社会喜欢女性后代。有关匈牙利吉卜赛人的研究显示，女性的性别比例较高。与匈牙利本地人相比，吉卜赛人的女儿多于儿子。跟印度低种姓一样，他们也被认为社会地位较低。因此，与男性相比，吉卜赛女性结婚时，更有可能选择社会等级高的对象——并且会与外族通婚。这样一来，在养育后代的数量上，女性就优于她们的兄弟。与本族通婚的吉卜赛女性相比，她们生的孩子更健康。

那么，吉卜赛父母在女儿身上的投资比儿子多也就不奇怪了。研究人员还发现，与匈牙利当地人相比，吉卜赛妇女对长女投资的时间，比对儿子投资的时间长。她们让女儿接受的教育更多。这一点很重要，因为教育不是免费的，这些父母要投入较高的成本。

再想想这个意外的现象吧。我们还拿特蕾西一家为例。有人会说，如果家里大多数是男孩，唯独老三是女孩，家庭动态就会发生转变，影响观念上的出生顺序。女孩就不会被当成"老大"，而是娇生惯养的"老幺"了——哪怕她后面又添了一个孩子。假设仍然保持传统的家庭期望，男孩还是理想的家业继承人，那么，那个女孩可能会得到更多宠爱，使她不像一个典型的中间小孩。

哪个性别可能贡献更大（即留下更多"优质"后代），父母就会对那个性别的孩子投资更多：从得到优质孙辈的角度来看，那样收益更大。一般情况下，投资女性的风险较小。在没有现代生育控制的情况下，大多数女性会拥有同等数量的后代。相反，不同的男性，一生繁衍的孩子数量却大有不同，尤其是在某些群体中，男性可以同时或连续拥有多个妻子。有些男性有许多后代，有些却一个也没有。关键是女性是否愿意跟他结合：地位高的男性没有问题，露宿街头的流浪汉就麻烦大了。

核心问题在于，父母应该投资哪个性别？如果男性的繁殖成功需要依靠个人条件——比如资源获取能力——那么，相比条件差、资源匮乏的母亲，条件好的母亲会更加积极地影响她们儿子的婚育。因此，她们更愿意要儿子，或给儿子投资更多。

相反，条件差的母亲更愿意投资在女儿身上，因为生女儿面临的生育风险较小。近期，美国完成的一项研究也印证了这一点。该研究总结，低收入家庭中，女婴受到的看护多于男婴。

我们看到，在有些文化中，获得"老大"地位的关键，不是做家里的第一个孩子，而是做特定性别下的第一个孩子。在西方文化和许多其他文化中，第一个出生的女儿可能要肩负照顾弟弟妹妹的责任，而大量的亲代投资和厚望却通常给了第一个儿子。在这种情况下，中间出生的儿子——家里的第一个男孩，可能更多地呈现出"老大"身上的性格特质。

年龄差距可能导致地位变化

布兰妮·斯皮尔斯（Britney Spears）显然是中间小孩。她的案例最有力地证明了年龄差距影响真正的出生顺序。她哥哥布莱恩（Bryan）生于1977年的田纳西州（Tennessee）。四年后，布兰妮降生了。她很早就开始了演唱和表演事业。到她十岁时，她和母亲——还有家里的新生儿杰米·琳恩（Jamie Lynn）——为追求名利梦想，搬到了纽约市。在早几年，布兰妮是名副其实的"老幺"。远离哥哥几年，又迎来家里的新生儿，让她好像感受到当"老大"的责任感。尤其是，她还是家里的主要经济支柱。她参演的迪士尼表演一被取消，她就回到诺克斯维尔（Knoxville），再次成为中间小孩——夹在哥哥和小妹之间。

但是，由于斯皮尔斯和小妹相差十岁，我认为，她的个性更偏向老幺，而不是中间小孩。她的某些行为就能体现出来：跟许多老幺一样，斯皮尔斯渴望关注和夸赞，不喜欢当替补。跟大多数中间小孩不一样，她不太善于谈判，似乎无法评估周围人的性格，无法做出独立的判断。此外，她渴望冒险，倾向于表现内心想法，与头脑比较冷静的中间小孩不一样。

事关每个孩子抢占其他孩子多大地盘

孩子的年龄间隔越小，出生顺序的影响越大。因为，在同一时刻，兄弟姐妹的基本需求相同。所以，他们要面临直接竞争。在某些群体中，如果第二个孩子和第一个孩子年龄相差太小，母亲为了更好地照顾第一个孩子，就必须放弃第二个孩子。当生育间隔较大时，孩子就不用从父母那里竞争相同的资源。例如，如果一个中间小孩有个大七岁的哥哥/姐姐，还有个小一岁的弟弟/妹妹，那么，这个中间小孩的个性可能更像"老大"，而不是典型的中间小孩。

父母对子女的投资是由许多因素决定的。从某种程度上说，其中存在一种本利分析。对子女来讲，兄弟和姐妹也蕴含成本和效益。根据生育间隔的长度，这种本利的比例也不同。显然，大体来讲，对于不再依赖亲代抚育的大孩子来说，其他兄弟姐妹蕴含的成本最小。一般情况下，他们倾向于保护弟弟妹妹，而不是与之竞争。然而，年龄间隔变小，会提高对亲代投资的竞争，增加父母与子女的冲突，深化兄弟姐妹间的敌对程度。

你可能会问，双胞胎会怎么样？异卵双胞胎敌对的程度很高。在古代，由于母亲一次只能抚育一个孩子，双胞胎中的一个经常被遗弃而死。不过，同卵双生胎的情况就不同了。由于遗传基因相同，他们通常不会以同样的方式竞争。从某种意义上讲，保护双胞胎兄弟/姐妹，就是保护自己。当"中间小孩"是一组双胞胎——尤其是同卵双生时——他们通常不像非常典型的中间小孩。这是因为，他们仅凭双胞胎的身份，就在家里扮演了独一无二的角色。相比之下，一般的中间小孩没有这样特殊的地位。每个双胞胎中的一员也像往常一样，可能会努力凸显与双胞胎中另一个的不同。但是，双胞胎身份的中间小孩总会带来额外关注，甚至是溺爱，因为，双胞胎身份已经让他们与众不同了。

对生育间隔不超过五年的孩子而言，出生顺序对子女策略的影响最大。在这种情况下，哥哥或姐姐倾向于凸显自身价值，贬低弟弟妹妹的价值。反过来，弟弟妹妹的反应是，努力减少与哥哥或姐姐的直接对比，发展不同的兴趣。也许，随着年龄的增长，他们还会寻找非亲代资源。人类进化史的大部分时间内，小孩子为了生存，极其依赖父母，尤其是母亲。生育间隔越大，孩子的需求越不同。

斯皮尔斯家就是明显的佐证。妹妹布兰妮出生时，布莱恩·斯皮尔斯还不到五岁。他还没有上学，所以，母亲要同时照顾两个小孩。如果布莱恩想让母亲带他玩，但布兰妮需要喂养或安慰，布莱恩就要等着。但是，杰米·琳恩出生时，布兰妮已经十岁了。她和新生儿在兴趣上的冲突少很多。布兰妮已经开始了歌舞事业。新生儿需要抚育和保护的需求，不会与布兰妮的需求产生直接冲突。

这对中间小孩意味着什么？当一个小孩与哥哥/姐姐和弟弟/妹妹的年龄间隔在几年内，那么，他们在本性上最像中间小孩。当老大和中间小孩的年龄差距较大时，直接的亲代关怀差距较小。因此，中间小孩突出自我的压力也较小。结果，他们身上中间小孩的特质相对没那么明显。最后，当中间小孩和老幺间的年龄差距较大时，这个中间小孩可以当几年的老幺。因此，跟预想的正好相反，他/她身上可能带有更多老幺的特质。这就是布兰妮·斯皮尔斯的情况。这会让人对她的某些冲动行为稍微明白些。

伤残或死亡的影响

拉塞尔（Russell）是个随和的宝宝。他出生时是剖腹产，生下来八斤多，成长在一个大家庭中——他们是地地道道的纽约人，可追溯到德国莱恩河畔的中世纪犹太人血统。他父亲是肿瘤学医生，母亲是图书管理员。两年后，悉妮（Sydney）出生了。又过了三年，索菲娅（Sophia）降生了。

本来一切顺利，但六岁那年起，拉塞尔开始走路跌跌撞撞。不到一年，他几乎失明，也无法抓取物体、四处走动。连续几个星期，他父母待在曼哈顿（Manhattan）的一家大医院里，想弄清儿子的病情。他们发现，父母双方作为阿什肯纳兹犹太人（Ashkenazi Jews），都是一种致命基因的携带者，并在不知不觉中遗传给了孩子。拉塞尔遗传了亚急性家族黑蒙性痴呆症。随着时间的推移，他的大脑被脂肪组织阻塞，最终将摧毁他的中枢神经系统。悉妮和索菲娅都没有遗传这种基因。

多年来，悉妮和哥哥玩得很开心。新生儿降生后，她很高兴又多了个玩伴，会喜欢玩具娃娃多于玩具汽车。但是，拉塞尔生病后，家庭动态发生了巨变。悉妮失去了原来的玩伴，也暂时失去了父母（父母要全身心照顾哥哥）。刚过了三年，拉塞尔就必须搬到专业疗养所，接受妥善照顾。

在悉妮的情况中，虽然拉塞尔活到成年，但她却明显感受到亲代期望的转移。"我以前都没想过爸爸靠什么谋生，至少在哥哥病重前是这样，"她解释说，"最后，我很明确，我要当医生。"尽管父母在她身上花的时间也没那么多，但她明显地感觉到，父亲想让她去读医学院。她成了实际上的"老大"。

当自然选择起作用

蜘蛛网是数学结构的奇迹。然而，没人相信，蜘蛛在结网时，脑中在做复杂的数学运算。同样，人们通常意识不到自身行为背后的动机。我们照顾子女的心理机制，根本上是为了让我们和孩子更加健康安全——并因此存活更久。这样看来，影响一个孩子对父母是否有益的因素是未来的存活和生育成功。如果父母看不到投资回报，即孩子的健康和繁衍潜力，自然选择会暗示父母少投资这些孩子。因此，父母虽然完全意识不到，但会更"关心"他们的"优质"子女。像前面讨论的一样，性别也是综合因素之一。此外，从某种程度上说，残疾儿未来繁殖成功的可能性低于健康的孩子。因此，父母会在残疾儿身上投资较少。

很明显，婴儿期健康状况较差会影响亲代投资。天生有严重生理缺陷的子女，更有可能成为杀婴的受害者。尤其是在传统社会中，没有专门照顾残疾人的慈善机构。照顾残疾儿需要付出较多心血，而收到的进化回报却较低（即使幸存下来，他们也不可能繁殖后代）。这意味着，如果父母提早中止投资，开始投资新生儿，那么，他们的境况会好转。在北美洲，残疾儿比健康儿更容易受到父母的虐待，更有可能受伤需要进院治疗。不过，要注意的是，在资源丰富的社会，许多父母会给残疾儿大量投资，从长期上帮助他们减少残疾带来的消极影响。

我们看到，根据子女去世的年龄，死亡可以转变出生顺序影响。理查德·尼克松失去哥哥的经历，和悉妮的经历类似。因为，他成了家中最大的孩子后，扮演更多的是"老大"的角色。如果死亡发生在五岁或六岁前，中间小孩的个性本质上更有可能像老大。为什么？因为在个性形成的重要时期，第二个孩子成了家里最大的孩子。因此，这些孩子继承了亲代投资的益处，承担起老大的责任。

如果死亡发生时，孩子稍微大些（比如哈罗德生病时，尼克松14岁；哈罗德去世时，尼克松20岁），他/她的许多个性特质很可能还像典型的中间小孩。因为，他们个性形成的大部分时间内，老大还活着。同样，老大去世后，中间小孩成为父母希望和梦想的新寄托。这会改变他/她看待世界的方式。

在尼克松的案例中，他特殊的动力——"为成功不惜一切代价"的哲学——源于他想弥补贫困家庭失去两个孩子的遗憾。"他坚持'强硬'理念。他认为，那是他成就卓著的动力。"他的传记作家理查德·里夫斯（Richard Reeves）写道，"但他也因此误入歧途。"如果理查德·尼克松成为一个成功有为人士的弟弟，那他就不会展现出强硬——这种由隐秘和动力交融而成的毁灭力量。

现代家庭：合并与重组

格雷格（Greg）、彼得（Peter）、博比（Bobby）、马西娅（Marcia）、简（Jan）和辛迪（Cindy），这几个名字听着熟悉吧？那你应该看过一部著名的美国电视剧《脱线家族》。它是一部反映家庭重组的电视剧，在20世纪60年代末至20世纪70年代初流行了十几年。该剧讲述了两个家庭的重组，每个家庭各有三个孩子，借此接轨时代精神：当时，美国40%的婚姻中，包含上一次婚姻中的一个或多个孩子。

在荧幕上，公众熟知的简是个爱抱怨、难对付的中间小孩，在兄弟姐妹间制造摩擦，给这个重组家庭带来麻烦。原本的大女儿马西娅被父亲第一次婚姻中的大儿子格雷格取代。小儿子博比也不再是老幺，因为在大家庭中，小辛迪可爱到不行，取代了他的位置。原来，每个家庭有一个中间小孩。现在，突然出现好几个中间小孩，还有男有女。来谈谈重组家庭吧。

离婚和/或再婚会打乱原本的出生顺序。不过，这种影响的大小，大部分取决于再婚的父母一方带来的孩子有多大。可以预见，孩子越小，影响越大（除非孩子还在婴儿期）。在这里的布莱迪一家（Bradys'）和许多类似重组家庭中，出生顺序会被打乱。如果父母再婚后，又生了孩子——也就是说，孩子中间出现了两组序列——上一次婚姻的老幺成了中间小孩。不仅如此，原先习惯被宠爱的老幺，现在其实是被一个"老大"（新家庭的第一个孩子）取代了，这更是雪上加霜了。由老幺变为中间小孩的孩子身上，表现出的中间小孩倾向，很可能是消极倾向多于积极倾向。我们随后会对这些消极倾向进行更详细的探索。

父母离婚后，孩子和父母的兴趣点都会发生巨大偏离。我11岁时，我朋友莎拉（Sarah）的父母离婚了。久而久之，她父亲不再关心第一次婚姻留下的孩子，开始在社交上花费更多时间和金钱。从生物学的意义上讲，他转变方向，是为了吸引新伴侣，确保促成新婚姻，使他自身的适应度提升，而不是降低。

从遗传学上讲，我们的孩子越强大，我们自身也就越强大。但我们都知道，社会行为并不是那么简单干脆的：相互作用的个体，其兴趣也必然在某些时候发生冲突。即便是合作的时候，也总有竞争存在。因此，虽然父母和孩子的共同目标都是提高繁衍成功率，但在解答"重要的婚育与其他选择有什么关系"时，他们也会有不同看法。在莎拉的案例中，离婚后，她父亲选择采用不同的方式分配资源。他前妻、女儿莎拉和其他子女都希望他能对第一次婚姻留下的孩子继续关注。然而，他的注意力已经转向寻求新婚姻的可能性。这类复杂因素影响了所有出生顺序——尤其是中间小孩，先天后天都受影响。在投资游戏中，中间小孩本来就处于不利地位，这类动态只会使之更加恶化。你会为《脱线家族》中的所有中间小孩感到可惜！

但是，这种出生顺序混乱不止出现在现代家庭中。美国第一任总统是公认的中间小孩。从某种程度上说，他是中间小孩。乔治·华盛顿（George Washington）其实是他父亲和第二任妻子玛丽·鲍尔·华盛顿（Mary Ball Washington）生的第一个孩子。他有两个同父异母的哥哥，一个过世的同父异母的姐姐，和五个弟弟妹妹。在这里，问题的关键是，华盛顿小时候，哥哥姐姐对他的影响有多大。他11岁时，父亲去世了。从那时起，他成了家里的顶梁柱，担负很多责任，帮助母亲管理他家所在的拉帕汉诺克河种植园（Rappahannock River Plantation）。他工作非常努力，没有机会读私立学校。那么，他应该按本性算作老大，还是按实际算作真正的中间小孩？我认为，尽管他事实上是中间小孩，但他是两种类型的完美结合。

当"老大"名不副实

玛丽莎（Marissa）是位外表严肃的黑发女士。40多岁的她是迈阿密市区一家律师事务所的合伙人，每周工作60个小时。她周末经常加班，自己承认没有社交生活。"我不记得上次出去玩是什么时候了，"她说，"我只是对社交不感兴趣。"

但是，以前不是这样的。玛丽莎的母亲记得，她是个无忧无虑的孩子。她喜欢和邻居的孩子在街上玩耍。每天放学回家，她脸颊上还粘着冰淇淋。她13岁以前，姐姐约茜菲娜（Josephina）结交了一群放荡子弟，开始晚上不按时回家了，还越来越过分。玛丽莎13岁时，比她只大两岁的约茜菲娜连课都不上了，每天早上回家都是醉醺醺的。一年以后，约茜菲娜搬出去了。

作为一个小女孩，玛丽莎嫉妒过约茜菲娜的艺术天分。"我觉得，好像一直活在她的阴影里，"她承认，"所以，任何跟创作有关的，我都不再碰。"后来，他们发现约茜菲娜流落街头，还染上了毒瘾。这时，玛丽莎感觉她身上的阴影更深了，甚至让人无法忍受。20年前，她父母从古巴逃出来，收入微薄。父母工作格外努力，好让四个孩子学会自立，并在这个收留他们的国家有所作为。但是，约茜菲娜不像个老大的样子。结果，玛丽莎为了让父母开心——或许是为了弥补父母对大女儿的失望。"她让父母很丢脸，"玛丽莎说，"我不能再让他们失望，或者为我担心了。"

对于中间小孩来说，影响个性发展的因素，较多的是他们的哥/姐（们）与父母的冲突，而不是他们自身与父母的冲突。父母和孩子间的冲突激化时，孩子反对权威的可能性也会提高，这也不足为奇。如果这类冲突发生在中间小孩和父母之间，可能不会产生很大影响，只是中间小孩会多些叛逆（不过，我们会看到，这是老幺的特点）。但是，对老大来说，他们的典型角色就是维护父母的权威和地位。反过来，他们也通常受到父母的偏爱。出生顺序的研究者弗兰克·萨洛韦用文献证明，老大和父母产生冲突，会导致他们背离原有的角色，表现出老幺身上典型的叛逆特点，也因此受到的偏爱减少。在这种情况下，中间小孩倾向于转变为类似老大的角色，并因此获得更多的父母偏爱。

这一切对你意味着什么

在有些社会，出生顺序极其重要，有助于在家庭内部和大社区范围内建立清晰的组织结构。例如，在巴厘岛（Bali），所有孩子根据出生顺序和性别取名。老大一律叫瓦彦（Wayan）、普图（Putuh）或楠咖（Nengah）。老二叫梅德（Made）或卡德克（Kadek）。老三叫纽曼（Nyoman）或科邝（Komang）。老四叫克图（Ketut）。然后，自第五个孩子起，再轮一遍。前缀"I"代表男性，"Ni"代表女性。在他们的文化中，没有中间小孩或老幺的说法。出生顺序用数字表示，就是显著特征。不过，在家里，第一个儿子不会比其他儿子得到更多偏爱。父母死后，所有儿子继承的份额相等。

然而，不论你给孩子取什么名字，不论你认为出生顺序多么重要或无关紧要，事实证明，家里的中间小孩在成长过程中，都要面临与众不同的环境。无论对中间小孩，还是老大和老幺来说，生活不可能是完全一样的。

但是，我希望，你会注意到，中间小孩由于自身家庭地位形成的策略，对今后的生活起着至关重要的作用。拥有三个或三个以上孩子的家庭中，至少有一个中间小孩。我会证明，这些孩子身上拥有被低估的惊人天赋，直接原因就是他们夹在老大和老幺中间。

决定你"实际"出生顺序的因素

1. 跟你的生物学出生顺序无关

出生顺序属于环境因素，不属于生物学因素。你的出生顺序取决于父母对你的育儿方式。如果你很小的时候，就因为收养或再婚进入一个家庭，你的成长可能会受新家里你的出生位置影响。

2. 一个家庭可能不止一个中间小孩

在老大和老幺之间出生的每个孩子都是中间小孩。但是，这并不是说，在特定的家庭中，每个中间小孩都是完全一样的。每个中间小孩都在寻找自身的位置。

3. 出生顺序不是固定不变的

如果家庭环境改变，出生顺序也会被打乱。如果哥哥/姐姐放弃自身位置，或两个家庭重组，孩子的生物学出生顺序可能变得毫无意义。中间小孩可能变得更像老大或老幺。

4. 男孩女孩是有区别的

在许多文化中，影响亲代投资的关键不是第一个出生，而是做第一个出生的男孩。在这种情况下，第一个出生的女孩可能会扮演中间小孩的角色，中间出生或最后出生的男孩可能获得了老大的特权，享受亲代关注和亲代投资。

5. 本利分析理论在起作用

从生物学上讲，长期看来对父母有利的孩子，父母会投入更多的时间和金钱。这通常是指健康的长子/长女，因为，他们更有可能繁衍后代，赡养长辈。

6. 当老大不称职时，会影响中间小孩（们）

老大和父母一方（或双方）严重冲突时，可能会造成老大叛逆。这样，顺从的、传统的老大角色，就会留给一个中间小孩来占领。由于弟弟妹妹都想凸显自我，好与下一任老大不同，因而，叛逆的老大通常会造就顺从的中间小孩。

第三章　中间小孩是优秀的谈判家

1977年11月，一位穿戴整洁、体格健美的埃及人自信地站在以色列议会前。他抬起头，视线离开文件时，方形眼镜映出一屋的景象：人们满载怀疑与希望，挤满了屋子。一群人不放过他说的每一个字。交战国领导人踏上敌国领土，冷静地推动和平进程，这在现代历史上是第一次。

这一幕在世界范围内实况转播，成为阿拉伯世界的决定性时刻。阿拉伯人和以色列人争执了几十年，最终酿成了1967年的"六日战争"（Six-Day War）[①]。六年后，埃及人发动了"十月战争"（October War）[②]。两国都以恐惧和仇视的眼光看待对方。但现在，埃及总统穆罕默德·安瓦尔·萨达特（Mohammed Anwar el-Sadat）站在了敌国领土上。

萨达特是家里的中间小孩。他家有13个孩子，父亲是埃及人，母亲是苏丹人。他们住在尼罗河三角洲（Nile Delta）农村一个偏远的小村庄里。他和兄弟姐妹主要由祖母带大。在祖母的影响下，萨达特成为一名积极的反殖民主义者。在他很小的时候，心中就开始渴望改变周围的不平等状况，产生了质疑现状的动力。他身边有许多孩子，他只是其中之一。这让他明白了生活的现实和复杂，也学会如何在意见不一的群体中谈判与协商。

[①] 第三次中东战争，以色列方面称"六日战争"，阿拉伯国家方面称"六月战争"。
[②] 第四次中东战争，又称"赎罪日战争""斋月战争""十月战争"。

长大后，这个中间小孩冒险出现在敌人面前，希望促成和平谈判。在对以色列议会的发言中，一开始，为打消防御心理，萨达特强调说："我非常真诚地告诉各位，我们欢迎你们的到来……这本身就是一个伟大的转折点，是决定历史变化的一座里程碑。"他承认，自以色列建立起，犹太人一直面临着些许屈辱局面。他问："为什么我们要留给后代的是杀戮、死亡、孤儿、遗孀、妻离子散和哀号的受害者呢？"

萨达特承认，阿拉伯人过去曾对犹太人有不公对待，并恳请双方和平谈判。这时，他直接申明了自己的底线：以色列必须离开占领区，并承认巴勒斯坦人的身份。他带来希望与和解，但在和平条件上不退让。他令人尊敬，又立场坚定，借助普世箴言与诗篇，赋予语言以庄严。

最出色的政治家不但能说服选民，也让质疑者理解他们的整体思想和目标。为了实现这个目标，他们必须是优秀的谈判家。几个世纪以来，无数政治人物依靠恐吓手段和虚假陈述获得了权力。但是，最深入人心的政治人物能团结民众，让人感觉政治问题事关个人利益。他们能让民众相信，他们的真诚希望不仅仅是为了他们统辖民众，更是为了全人类的福祉。

尽管安瓦尔·萨达特最终没能为他的统治区带来持久的和平，但是，他无畏的访问凸显了中间小孩应对复杂谈判的神秘能力。中间小孩适应了自己的生活，很少作为关注焦点。他们培养一些技能，直接服务于今后的生活。他们想化解与敌手的隔阂时，还能带着理性、耐心和热情。

做伟大的谈判家很难得

不是每个人生来就具备优秀谈判家的技能，更别说达到杰出级别了——不过，促成共识的才能是人最值得拥有的技能之一。优秀的谈判技能帮助我们解决问题，达成和解，避免严重冲突。由于许多技能都能后天培养，所以，分析促成绝佳局面的王牌技能就变得很有价值了。意识催生实践，实践催生信心，信心加耐心催生成功。在这场竞技中，凭借独一无二的家庭角色，中间小孩成就突出。

谈判技巧对我们生活的方方面面都很重要。不妨想想我们的各种经历，都需要交换意见，别管是应对房东、要求加薪、应付离婚、谈成几百万美元的生意、分配父母一方遗产、为战乱地区带来和平，还是仅仅在跳蚤市场买到最实惠的古董。

家庭成员间每天都在谈判。你十几岁的孩子最晚应该几点回家？看电视前做多少作业？父母年老住院时，谁来照顾？类似的，职场生活也需要促进和解与理解的常规能力：截止时间前，这份报告真的能完成吗？我们能发多少货，截止到什么时间？我们能把运费谈成多少？

我们都知道，政治家和大企业参与的谈判，对整个世界都会产生巨大影响，尤其是当谈判失败，或未圆满结束时。例如，几十年来，在北爱尔兰和平问题上，大量政客试图协商和谈，均以失败告终——举几个例子，像伊恩·佩斯利（Ian Paisley）、玛格丽特·撒切尔（Margaret Thatcher）和比尔·克林顿（Bill Clinton）。而且，我们看到，在中东问题上，多少次谈判搁浅，让杀戮和痛苦无限延长。当商业谈判失败时，后果也可能是毁灭性的。例如，20世纪70年代，全美汽车工人联合会（United Auto Workers Union）反抗三大汽车制造商。工人无法达成和谈，继续罢工，产生连锁反应，最终导致美国汽车制造业的急剧崩塌。

中间小孩使用的关键谈判策略

关于谈判的著作有许多。作者中有的是学者，比如哈佛谈判项目（Harvard Negotiation Project）副主任丹尼尔·夏皮罗（Daniel Shapiro）。还有其他身份的，比如中间小孩唐纳德·特朗普（Donald Trump），世界最著名的商人之一，写成畅销著作《交易的艺术》（*The Art of the Deal*）。另一派重要的谈判论述由彻斯特·嘉洛斯（Chester Karrass）写成。他采访多位成功的谈判家，询问促成他们成功的关键特质。在《谈判游戏》（*The Negotiating Game*）一书中，与学术权威们不同，嘉洛斯没有从外人的角度分析，而是展示了参与者本人的见解。大多数专家认为，自主、尊重、鉴别力、亲和性、身份地位是谈判成功的关键因素。

在我看来，考虑过这些专家的意见后，要成为优秀的谈判家，要具备以下五种最关键的特征：

1. 诚实与正直
2. 移情与得体
3. 开放与灵活
4. 情绪稳定性
5. 自尊心

安瓦尔·萨达特向以色列人抛出橄榄枝的行为，表明以上中间小孩的许多特点在起作用。最终，通过在泛阿拉伯主义①上的妥协，他为《戴维营协议》（*Camp David Accords*）和《以色列—埃及和平条约》（*Israel-Egypt Peace Treaty*）的签署铺平了道路。1978年，萨达特与以色列总理梅纳赫姆·贝京（Menachem Begin）被授予诺贝尔和平奖。尽管地区和平不能长久，但萨达特追求与"敌方"对话的不懈努力，使这位中间小孩成为现代最著名的谈判家之

---

① 泛阿拉伯主义，阿拉伯民族主义者在反对外来侵略者斗争中要求实现民族独立，并建立一个统一的阿拉伯国家或联邦的政治主张和运动。也指中东各阿拉伯国家谋求政治上协调一致的运动。

一。

在萨达特对以色列议会的历史性发言中，他展现尊重与同情的同时，也坚定立场，阐明了目标："最重要的一点，"他说，"就是谁都不能把自身快乐建立在别人的痛苦之上。"其次，他再次坦白地说："我对待任何人，都只用同一种语言、同一种政策和同一张面孔。"最后，他呼吁双方信公正、讲道理。"正面交锋和直接对话，"他说，"是达成明确目标最简便、最有效的方法。"通过援引普世观点，他强调，在这场最紧张、最复杂的谈判中，每个人有一个共同的目标：和平。

诚实与正直

我的一个新发现是，在生活的方方面面上，中间小孩通常倾向于诚实正直。2009年，一项针对法国大学生的研究印证了这一点。该研究旨在探索不同出生顺序孩子的自私程度或合作程度。研究中，要求参与者玩一场投资游戏。随后，研究者分析参与为取胜所采取的不同措施。

分别给两位玩家A和B各30美元。玩家A必须决定与玩家B分享的金额。然后，实验者将三倍的金额给玩家B。玩家B再决定从自己总金额中拿出多少，返还给玩家A。

如果一个玩家缺乏信任感，符合逻辑的选择就是紧握手中的钱，担心从玩家B那里拿不回钱——同理，放在玩家B身上，符合逻辑的选择就是拿走钱，把3倍收益装起来，并结束游戏（也就是说，不与玩家A互惠互利）。然而，数量惊人的实验表明，不是每个人都会做出符合逻辑的选择，尽管那样做符合自身的最大利益。这类"非理性"选择表示，无关个体（即非亲属个体）间存在无私行为与合作行为。

在这种情况下，中间小孩比较相信他们的钱能收回，因而一致地把更多钱给玩家B。中间小孩做玩家B时，也展现出更明显的互惠行为。与其他出生顺序的小孩相比，中间小孩把钱返还玩家A的数量更多。相比之下，"老大"对非亲属个体的不信任非常显著，比中间小孩、老么和独生子女的互惠行为都少。充分证据表明，老大做事谨慎，比其他出生顺序的孩子更关心自身提升。

相反，中间小孩喜欢合作。我们在这里强调是因为，合作行为是谈判成功的关键之一。在处理复杂人际谈判时，他们的行为体现出信任和互惠倾向。无论是萨达特这样的高层事务，还是普通家庭的遗产纷争，我们都看到这个动态因素在起作用。

几年前，洛根（Logan）家的女家长去世时，活下来的三个孩子因为争夺俄亥俄州的农场陷入僵局。曾经，这片农场沿着俄亥俄河河岸，面积有成百上千英亩。一眼望去，一片苹果树和梨树。后来的几代人卖的土地越来越多。最后，最开始的农场屋周围，只剩下几十英亩地和一堆郊区住宅。87岁的毛拉·洛根（Maura Logan）去世时，虽然每个孩子都放不下这片土地和老房子，但没有一个继承人想住进农场屋里。

洛根家孩子的出生时间挨得很近。老大是蒂莫西（Timothy），家里唯一的男孩。11个月后，简（Jane）出生了。刚过一年，苏珊娜（Susannah）降生了。小时候，他们经常忙着干农活，花许多时间一起帮助父母。无数个夜晚，他们在厨房里玩拼图，在客厅的大壁炉边玩棋盘游戏。后来，在他们的描述中，他们关系非常亲密和睦。

在兄妹三个玩耍或工作时，简作为中间小孩，通常充当调解人。如果其中一个抱怨另一个干活少，通常由简来弄清楚谁说得对。玩游戏时，如果蒂莫西对苏珊娜的夸张行为不耐烦，或是苏珊娜厌烦蒂莫西霸道，两人通常会找简当调解人。简一说谎，脸就变得通红，立马就会被抓到。无论在家，还是在学校，简都以坦率可靠著称。

与房子和母亲相关的所有财务事项，都是蒂莫西掌管——他后来成了律师。他有条有理，决断迅速，对家庭很有用。至少，毛拉死前是这样。

蒂莫西和苏珊娜都坚持认为，他们可以集合资源，保住农场。人人都知道，苏珊娜是艺术家，没有任何资源；蒂莫西要承担主要花费。但是，简也知道，他们还没准备好面对现实，讨论解决所有细节。母亲死后，三兄妹第三次聚在一起时，大吵了一架。他们的关系非常紧张。于是，他们决定，暂时放下一切讨论，用六个月的时间想清楚。

简真的被夹在了中间。要是母亲毛拉知道三兄妹闹僵，一定会死不瞑目。蒂莫西做事简单粗暴，喜欢操控每一次对话，然后高谈阔论，好像别人都应该赞成他的提议一样。简尤其讨厌他这样。

说实话的能力

很自然，当牵涉入有争议的谈判时，在影响他人意见方面，被认为最诚实的一方占上风。任何一方的一点点不信任，都会破坏交易。通常，警惕性提升的原因，只是由于一方不能完全理解另一方的诉求。会说实话，能讲清道理，让其他人明白没有阴谋，能缓和局面。

从萨达特身上，我们看到，为了说服以色列议会——和更广阔的世界，他不遗余力地展现自己的正直，发言中"坦白"和"真诚"的字眼前后变化用了15次。在洛根家，简极其诚实的美名最终帮助了她。在兄妹谈判失败时，她从哥哥手中将谈判工作接过来，达成了各方都赞同的协议。

简给哥哥妹妹打电话，建议三兄妹再见一面。她坦白了自己的经济状况，细述了接下来的十年她如何拿到期待薪资，承认她不可能承担房产的费用。这种冷静的坦白让兄妹三人放下情绪，诚实地表明自身意图和经济状况。

经过反复讨论，他们一致同意，蒂姆买下房子，扛起维护和租赁房子的负担。虽然，他们都意识到，实事求是必须战胜感情用事。但是，如果不是简意识到，只有她才能帮助哥哥妹妹面对现实，他们也无法得出这样的结论。哥哥和妹妹欣赏她的正直。要是由哥哥或妹妹来解决，这样难以接受的协议，兄妹三人不可能这么欣然接受。

说真话也有陷阱

轮廓分明的脸庞，浓密的黑发，瘦长的体格，加上粗壮的四肢。这是我们都熟悉的一个形象。"正直的亚伯"是对亚伯拉罕·林肯（Abraham Lincoln）的敬称。他深入人心，不仅是因为他和蔼的脸庞和不协调的外表，也是因为他一贯的诚实与正直。"他本人真实诚恳，也相信其他人都这样，"他的一位律师朋友写道，"他从不怀疑人。因此，他与人打交道时，很容易被利用。"

林肯是家里第二个孩子，1809年生于肯塔基州石泉农场（Rock Spring Farm, Kentucky）的乡村小屋内。林肯七岁时，母亲去世。父亲很快再婚，家里又来了三个小孩。林肯要和兄弟姐妹在地里干活，没时间上学，只学了基本的识字和算术。他做了大量重活，但他依然是个快乐慷慨的孩子。

作为第16任美国总统，林肯的政治生涯充满混乱与争议——虽然美国内战是毁灭性的，但他统一了美国，废除了奴隶制。提到政治生涯，这位外表严肃、朴实亲切的男人太过诚实了，这说来有些奇怪。林肯面对的复杂政治阴谋，是很需要心机的。然而，据说林肯总是用直率和诚实应对，有时还会损害自身利益。有人觉得他太直率了，还有人认为他太安静、太喜欢沉思了。他被指控为做事高傲，管理事务草率（也许是因为他太过喜欢倾听普通人的意见），不能有效处理内阁事务。当应对复杂的政治局面时，说实话有时会成为一把双刃剑。

出生顺序对信任和合作行为有什么样的影响？正如我们从投资游戏中看到的那样，中间小孩会比其他出生顺序的孩子采用更多合作策略。在利他行为和待人温和方面，他们也比"老大"得分高。而这两种特质，都是亲和性的要素。当一个人懂得为他人考虑，有亲和力，待人温和时，他更愿意对别人做无罪推定，更愿意参与符合所有人利益的活动。比如林肯，就经常这样做。但是，我们从林肯身上也看到，这对有些中间小孩来说，也会变成陷阱。在谈判过程中，直言不讳或被认为真诚是有益的；但是，说实话有时也可能受到打击。同时，这也会让中间小孩被人利用。（俄亥俄州的中间小孩）简小时候，有时要忍受朋友和兄妹的计谋。"他们知道，我不会说谎，就从我嘴里套话，甚至利用我对他们的信任。"她坦言。

通常来讲，随着中间小孩一天天长大，开始掌控家事以外的生活，他们也学会把说实话变成自己的优点。在简的案例中，她学会强硬起来，在分享信息时也更加谨慎。在面对家庭遗产的争议时，借助这种能力和天生的开放性，她发挥得很好——同样，林肯总统不会虚伪的性格，最终给他带来的是帮助，而不是阻碍。大多数人认为他极其有耐心，非常诚实。当他被迫要做不得人心的决定时，会因此受益很多。他带着敬意倾听对手时，也形成了自己的观点，通常不用再咨询内阁。他不会说话，而是用沉默回避——最终成为一名极为出色的操控者和调解者。

移情与得体

中间小孩懂得移情，因而在家中很独特。老大专攻统治对手的策略，后出生的孩子采取的策略就完全不同。根据我们许多人的经验，老幺通常会采取"弱小者需要保护"的策略，博取我们的同情。他们没有耐心，不会花大量时间倾听别人，或在交流中理解别人。相比之下，中间小孩选择了另一种路线。

中间小孩会成为卓越的倾听者。他们理解认可别人立场和感受的价值，并用情报做弹药，获得自己想要的东西。"人们以为我小时候很安静，"50岁的杂志作家迈克尔（Michael）说，"但没人意识到，我是在忙着听人说。我并不是没话说——我只是想先了解语境，再说话。"

迈克尔算是典范。因为，他很早就意识到自己的技能，并将其发展为他认为有价值的、中意的职业。他与我分享了一件很有启迪意义的事情。他当时是佛罗里达一家当地报社的年轻记者。他要去采访的那位重要的房地产开发商，最近生意出了问题。迈克尔与开发商的公关公司主动交涉多次，但阻力还是很大。

就在上一周，开发商被曝与迈阿密市区一家大型商场存在几宗可疑交易。迈克尔发现，当处理棘手话题时，用直接而得体的方式，说服他人接受采访的胜算最大。"我获得的外部评价，就是全面关注事态，"他解释道，"我选词非常谨慎，借此维持这样的美名。"

在这种情况下，他与公关主任谈论此事时，避免正面冲突，但又表现出积极的态度。他强调，他会最妥善地转述开发交易的细节。其他记者已经在积极争取采访开发商了，但他们展现的更多是鲁莽，而不是老练得体。"那家伙知道，我不想讨伐或伤害任何人。"迈克尔说。他获得了采访权。

隐藏的个性特质

其实，中间小孩通常是性格外向者——而不是性格急躁，喜欢吸引注意力——他们是喜欢倾听别人的社交型个体。这一点很有意思，超出了人们的预期。这样的性格组合使中间小孩非常擅长与各色人等打交道。他们能体会别人的心境，因而表现得礼貌得体。

房地产巨头唐纳德·特朗普是个中间小孩，但身上具备一些很明显的"老大"脾性。他积极吸引别人的注意力，表现出不可动摇的自信。然而，我们通常意识不到背后起作用的元素。他当然是性格外向者，但他也明白倾听的重要性。每天，特朗普都要处理50~100通电话和十几次会议。他经常要与来自各个阶层的人达成一致意见，包括：施工经理、亿万富翁、政界人士、媒体大亨、城市监管者、律师——还有保证他酒店和俱乐部顺利经营的普通人。在《纽约时报》的一篇文章中，他的家庭牧师这样评价他："他在商业谈判中谦和有礼、诚实谦逊的性格特征很明显。"

特朗普对朋友和员工的忠诚，更是众所周知。他不总做最谨慎、最敏感的中间小孩，但是，如果他想这么做，或他需要这么做，他也会展现迷人的一面。无论是讲和，还是开战，他都应对自如：他与洛斯公司（Loews Corporation）的普雷斯顿·罗伯特·蒂施（Preston Robert Tisch）正面交锋，经过两场激烈争辩的房地产交易，两人成了朋友。即使存在严重分歧，特朗普也认为必须要注意礼貌。

乍一看唐纳德·特朗普在公共场合和私人生活中的表现，也许不是典型的中间小孩行为。但是，他的商业成就表明，从两种出生顺序的混合特质中，他受益很多。要成为一名卓越的谈判家，最重要的特质之一就是，会站在别人的立场想问题。这种相对移情——加上特朗普超群的人格魅力——让这位中间小孩在交易谈判中受益颇多。

摆脱成见

有时，我们稍微深入些探索，才能获得内部消息。在这一点上，个性测试比较有用——尤其是大五人格量表（NEO PI-R）测试，揭示了我们通常没意识到的中间小孩的性格元素。

我们经常把中间小孩简单定义为墙头草，大五人格量表测试呈现了不一样的结果。为了确定中间小孩的个性评估标准，在本书中，我会经常提到这项测试中考察的五种特质。这些特质是亲和性、外向性、经验开放性、尽责性和神经过敏性。在探讨谈判技能时，我们已经研究过亲和性了。现在，我们再来细看外向性。

外向性的特点是积极、热情和精神饱满的态度，渴望与他人做伴。性格外向者喜欢与人交流，与世界积极接触。而性格内向者倾向于害羞，缺少活力。总的来说，在外向性方面，后出生的孩子比老大得分高。（特朗普是明显的性格外向者）在个性测试中，标定外向性的方法是评估应答者的支配倾向和社交能力。但放在中间小孩身上，这会造成误导。为什么呢？因为中间小孩喜欢社交，但没有支配倾向。

最近的一项研究分别探讨了这两方面。研究者请来96位大学生，让他们用个性测试中的12项外向性衡量标准，对自身和兄弟姐妹进行评估。衡量标准分为两组：

- 5项关于自信、活跃性和兴奋度的"支配倾向"条目
- 7项关于热情、合群性和积极情绪的"社交能力"条目

与研究者预测的一样，在支配倾向上，老大比后出生的孩子得分高很多。而在社交能力上，后出生的孩子比老大得分高很多。此外，多项研究表明，在亲和性上，中间小孩和老幺比老大得分高。于是，我们看到，与我们的假设相反，中间小孩其实是非常外向的：他们不用过于强势，也可以与他人交好。

另一项个性测试中，参与的个人给自身和兄弟姐妹打分。衡量标准是一系列有细微差别的变量，包括反叛性、社交自信、亲和性与尽责性。面对类似"我能感受到他人的情绪"和"我会让人感到放松"的陈述，中间小孩要回答赞同或不赞同。当应答者赞同这类陈述，他们反映的自我形象就是非常善解人意的个体——也许，他们想通过行动向别人展示的，也是这样的形象。在这种情况下，相比老大，后出生的孩子也极有可能最有亲和力。在第五章"中间小孩是正义追寻者"中，我们会有更加详细的探索。这一特质本身体现了对社会和谐的强烈关怀，强调了中间小孩对与他人交往的重视。

为什么社交能力很重要

中间小孩没有支配倾向，从他们善于倾听和做事得体就能看出来。这使他

们成为有魅力的朋友。从许多方面来说，中间小孩都是交友专家。他们倾向结交家人以外的朋友。

我们来看看米丽娅姆（Miriam）。她家有四个孩子，她排第二。她哥哥约翰（John）是个棒球明星选手。她妹妹达娜（Dana）天生患有唐氏综合征。家里最小的孩子是擅长唱歌的韦斯（Wes）。米丽娅姆成长过程中，觉得自己很普通。"每个人都有吸引注意力的东西，甚至连达娜也算上，"她说，"可是我呢，我只是平凡的米丽娅姆。"

米丽娅姆14岁时，他们搬到马萨诸塞州一个较大的城市。她进了当地一所规模很大的公立学校。"我知道，这次搬家让我有机会彻底改造自我，"她解释说，"我改造的方法，就是把普通变成我的优势。"

可是要怎么做呢？米丽娅姆利用自己的随和，花许多时间做班里其他女生的倾诉对象。她们总喜欢来找她，因为觉得把秘密告诉她很安全。她总那么有耐心，倾听她们的问题，还总是温和地给出中肯建议。

由于感觉在家不受重视，这个中间小孩培养了移情能力。她从来不会轻视别人的顾虑，或作出轻率的判断。她结交了许多新朋友。在陌生的社交群体中，她很快找到了自己的特殊位置。在小范围内，米丽娅姆是一位卓越的谈判家。

但要管好话匣子

对别人的感受敏感和表露移情能力，通常不会被当作有问题的性格特质。但是，无论在家，还是在职场中，中间小孩都会卷入各种关系，并被人认为理所当然。

我们再来看看俄亥俄州的简。虽然她促成了三兄妹间的和谈，但是，之前的差不多十年中，她都厌倦了在家里扮演这样的角色。她读大学期间，包括大学毕业后，都避免回家。因为她哥哥和妹妹都在。不是蒂姆抱怨妻子，就是苏珊娜不停地唠叨当音乐家多辛苦。虽然简喜欢哥哥妹妹吐露真情，但他们却很少过问她本人的事，这让她很挫败。

类似的，有亲和力的人认为，其他人也和他们一样可靠得体。因而，他们比谨慎的人更容易被人利用。刚开始为国家级报刊写稿时，记者迈克尔意识到，虽然他本性谦和，会为别人考虑。但是，为了做好工作，他也要努力学会怀疑。在他发表的一篇新闻中，他引用的原文后来被证实是不可信的。此后，他明白了，他信任别人的倾向，并不是总会帮助他。现在，他努力在这些本性中找到平衡。这样，他不仅能保留真实的个性，也能用记者的深度和公正调查新闻事件。

开放性与灵活性

说老幺是家里的"反叛分子"，这是谣言。事实上，中间小孩才是，只不过他们不会惹出大麻烦。连研究人员都会低估中间小孩的社交与反叛个性。这主要是以往研究的设计方式造成的。

喜欢开放经验的人，就有求知欲。这些人会欣赏艺术、想象和美，并喜欢各种经历。这自然也反映了一个人站在别人立场看问题的能力，就像中间小孩那样。与其他出生顺序的小孩相比，中间小孩较少凭主观认识判断。他们更愿意维持新概念内在的可能性，而不仅仅是坚持旧的做事方法。

一项来自比利时的研究很有启发意义。研究证实，中间小孩通常比其他出生顺序的孩子更加反叛，更加开放。研究者让122位年轻人（均来自三个孩子的家庭）完成大五人格量表测试，并询问了信仰和校内表现等附加问题。研究还包括了参与人母亲对参与人的评价。根据问题，应答者使用七分制，指出是否赞同某些陈述，陈述样例如下：

· "我一旦发现做事的正确方式，就会坚持到底。"高分意味着开放性低，反叛性低。

- "我喜欢听新观点。"高分意味着开放性高，反叛性适中。

在这里，中间小孩的测试结果是比较反叛（还有尽责性和虔诚性较低）。经验开放性和反叛性通常也被看成是冒险性格的一部分。事实上，研究的几位作者把中间小孩描述为"家里真正的反叛分子"。

但是，结果比这些字眼的表面意义更加微妙。中间小孩不会为了猎奇而猎奇，为了冒险而冒险。因为他们喜欢打听，喜欢听别人的故事和感情。所以，他们对待生活，不会凭主观判断做事。该研究还指出，中间小孩比其他出生顺序的孩子更爱幻想。活跃的想象力说明了他们的开放性，但并不是说，他们一定会做事鲁莽或不计后果。不过，这表明，他们在想法和做法上都更灵活——灵活性是完美谈判的一个关键因素。

切入正题

20世纪90年代早期，纳贝斯克公司（RJR Nabisco）刚经历了一场价值250亿美元的大型杠杆收购。该企业的文化被认为太过自由，失去了控制。公司请来路易·郭士纳（Louis Gerstner）掌舵，走上了不同的方向。这需要综合性的管理风格：需要有坚定、权威的做事方法；又要有灵活度，让同事和下属在引导中改变，但又不觉得被威胁。

郭士纳是个中间小孩，是四个儿子中的二儿子。他生于纽约米尼奥拉（Mineola），被送往私立天主教学校刻苦学习。长大后，他很快在商界取得了成就。他开始在麦肯锡公司（McKinsey & Co.），然后先后去了美国运通（American Express）、纳贝斯克、IBM和凯雷集团（Carlyle Group）。在纳贝斯克的任期顺利结束——仅仅用了四年——他又进入IBM施展魔法。郭士纳不喜欢关注细枝末节，却擅长从全局着眼，继而实行必要的改革。他让IBM恢复了坚实的财政基础，并以此闻名。

虽然郭士纳的管理风格不见得多么合适，但他逆转企业局面的成就，却展现了这位中间小孩跳出思维局限的能力——换句话说，他开放又灵活。1993年，他离开纳贝斯克，成为IBM首席执行官兼董事长时，IBM公司正濒临崩溃。他一到公司，就掀起一场全面的文化改革。他打破冗余公司结构，重新确立过去被严重忽视的以顾客为中心战略。"公司不听外界的声音了，"郭士纳在《星期日泰晤士报》（Sunday Times）的一次采访中说，"却在作茧自缚。"他意识到，要重新考虑公司训令，重新确立顾客至上原则。许多人认为，是他将公司救出危难。

他做中间小孩的经历，可能影响他培养了对付此类巨变的重要技能。在繁忙的家庭生活中，中间小孩很快就能意识到，为了达成目标，最有效的方式就是广开思路，寻找多个替代方案。然后，一旦有了明确目标，就要切入正题。当中间小孩把这些策略用于生活其他方面时，他们常常大获全胜。

在《交易的艺术》一书中，特朗普写道："我懂得变通，这样也能保护自己。我从来不会太看重一次交易或一种方法。"根据不同的环境，这位中间小孩会调整自己。而这对老大们来说，却是棘手问题。当这位中间小孩卷入棘手的谈判时，他不会只顾自己的立场，而是倾听与判断，保持思想开放。然后，他依据形势确定立场，通过调整论述达到特定目标。这样做很关键，因为谈判对象觉得有人倾听，有人理解。反过来，他们也愿意用同样灵活的态度作为报答。

优柔寡断的危险性

只要你明确目标，在谈判中保持头脑灵活很少会惹麻烦。但是，如果头脑灵活，却没有明确的观点，就没有任何好处。有时，中间小孩会因过分热切而陷入误区。这会不必要地拖长谈判进度，使参与者丧失耐心，渐渐不愿接受改变。有时，参与者也会疑惑，弄不清对手的目标。

在开始谈判前，中间小孩就要确定目标。在谈判过程中，他们可以倾听他人观点，考虑自身需求与愿望，将论点丰富起来。但是，他们要有强有力的基础，才能建立论据。

情绪稳定性

如果谈判伙伴容易激动或神经过敏，语调或心情起起落落，会使气氛不稳定，从而不利于达成共识。为了让谈判顺利进行，就要树立镇静与克制的印象。关于中间小孩的稳定性或耐心，还没有研究定论——这主要是因为，很少有研究直接关注各出生顺序孩子的情绪稳定性——虽然缺乏积极的统计证据，但是，探索中间小孩"不具备什么特征"，却是一个可用的方法。在这种情况下，利用个性测试，对比中间小孩和老大的神经过敏性得分，会给人带来启发。

神经过敏的个体更容易缺乏耐心，易怒或紧张。生活充满挑战，情绪稳定或不稳定反映了人们对此类压力事件的处理方式。情绪稳定者能经受生活的暴风雨。他们会有反应，但不会反应过激。相反，在神经过敏方面得分高者，会因挑战而苦恼。如果挑战经常扰乱生活，他们可能会情绪失衡。通常认为，他们会喜怒无常，或不可预测。此外，在应对高度情绪化事件和负面事件时，他们更有可能变得高度焦虑，患上创伤后应激障碍。

一项2004年的研究以三子之家为样本，用大五人格维度研究其差异性，重点研究参与者的神经过敏性。在神经过敏量表中，中间小孩得分最低，老幺得分居中，老大得分最高。在四子之家中，老二得分最低。在五子之家中，老二和老三在这个量表中得分最低。神经过敏性与出生顺序不是线性关系，而更像U型关系，即家里最靠中间的孩子，神经过敏性水平最低。

可以想象，神经过敏会让人际关系和职场关系变得紧张。面对与自身有利害关系的开放式讨论，神经过敏的人很有可能认为受到威胁或产生绝望。很自然，在谈判中，当试图让人相信某个观点时，这是在传达强烈的负面情绪。在所有出生顺序中，中间小孩在神经过敏性上得分很低，所以，他们最不易受到这种问题的困扰。

学会等待

"他个性真诚，却又懂得克制。他为人坦率，却非常谨慎。他做事耐心，却又精力旺盛。他宽以待人，却严于律己。他待人慷慨，却不屈不挠。"J. T. 杜里埃（J. T. Duryea）这样描写亚伯拉罕·林肯。中间小孩身上有这样有趣的混合特质，也并不稀罕。

在19世纪60年代，林肯在白宫期间，总统官邸没有接待室或记者招待室。二层有个很大的接待区，还有几个相邻的房间供林肯的下属使用。接待室通常塞得满满的：你会看见，泪流满面的母亲为违抗军纪的儿子求情；国会成员要讨论政治问题；老人们穿着沉重的工作靴，请求去往前线，把死去的亲人带回家。里面噪声很大，总统听到的都是这些普通人的嘈杂。但是，无论是普通民众，还是政治家，林肯都会坚持耐心接待。

他通常表情严厉，似有忧郁症。但是，当听到一个故事或听别人论述时，他的表情就柔和起来，目光中表达出兴趣或同情。虽然会议可能冗长乏味，林肯总能欣然对待。面对美国内战中的几位先锋代表、一个经常充满敌意的内阁和一群暗中勾结的对手，他总是心事重重。尽管如此，他还是极为平静地倾听各种诉求。这不仅让他以与民众打成一片著称（当然帮助他1864年再次获选），还时常提醒他关注现实世界普通民众的生存环境。

作为孩子，中间小孩必须等待很久。当给弟弟妹妹安置汽车座椅时，现代社会的中间小孩需要等待。他们在餐桌旁等待帮忙，等待大人夸赞他们刻苦学习。中间小孩习惯了不能马上获得满足。他们学会了延迟心理预期的艺术——这让他们在今后的生活中受益匪浅。

自尊心

除非你占据的是实力地位或权威立场——或者，最起码你试图展示的形象是有实力的或权威的——否则，就很难被重视。有人认为，为了成为优秀的谈判家，你必须表现得坚定自信，就像安瓦尔·萨达特、亚伯·林肯和唐纳德·特朗普那样。如果一个人焦虑不安或犹豫不决，就不可能鼓舞信心，解决冲突或谈成交易。

然而，时常表现出来的一个出生顺序影响是，在自尊心上，中间小孩比兄弟姐妹得分低。这种自尊心的缺乏，源于中间小孩接受的低水平亲代投资，加上他们在家庭结构和亲代期望中对自身角色的不明确。中间小孩不知道该扮演什么角色。这种焦虑导致他们与自尊心的关系比较复杂。

1982年，作为先驱学者之一，珍妮·基德韦尔（Jeannie Kidwell）在出生顺序研究中，重点关注了中间小孩。她发表了名为《被忽略的出生顺序：中间小孩》(The Neglected Birth Order: Middleborns) 的文章。她从一项关于男性青少年的全国性研究中提取样本，通过研究2000多名青少年，将中间小孩与老大和老幺作对比，考察了他们的自尊心。自尊心的自陈式测量是该研究的组成部分之一。基于此，基德韦尔发现，中间小孩的自尊心水平比老大和老幺低得多。与老大和老幺相比，在中间小孩眼中，他们的父母比较苛刻，比较不理性，提供的支持较少。他们要承受"被推到一边"的感觉。据推测，这会对自信心产生负面影响。

此外，2002年的一份硕士论文中，探索了在三个或三个孩子以上的家庭中，相比与家里其他孩子同性别的中间小孩，作为唯一的男孩或女孩会不会提高自尊心？作者发现，相比与家里其他孩子同性别的中间小孩，作为唯一男孩或唯一女孩的中间小孩，其自尊心的平均水平较高。我们怎么解释这一点？

对于这些中间小孩来说，作为唯一的男孩或女孩，他们在家里就有了唯一的地位和角色——如果一个中间小孩与家里其他孩子性别相同，就不会产生这种效果。在所有孩子性别相同的家庭中，出生顺序影响（尤其表现在中间小孩的差异上）通常最强烈，也算是一个原因。这表明，如果不是家里唯一的男孩或女孩，中间小孩也就无法扮演预定的、唯一的家庭角色，因而常常比其他兄弟姐妹更缺乏自尊心。

但是，这里的关键问题是：如果谈判者需要表现自信和权威，那么，这里假定的自尊心缺乏，会对谈判的成功率产生多大影响？我认为，对于这些发现，我们需要更多研究。连自尊心与成功间的联系，也常常被夸大了。

先不要着急

首先，不要忘了，大多数这类研究的对象是青少年和大学生。也就是说，参与者通常不到24岁。在这个岁数，带有某些童年时期的不满，也不是稀罕事。但是，随着人们日渐成熟，他们通常会摆脱孩童时期对父母或兄弟姐妹的抱怨。

以纽约投资经理杰克（Jack）为例。他在新泽西郊区长大，家里五个孩子，他是老三。高中时期，他为了维持生计，常常在比萨店或当地电影院打零工。做不完的工作有时让他觉得，全世界的重担都压在他肩膀上。上大学后，他开始挑战权威和父母，常常旷课，不按时交论文，最后被留校察看。父母威胁他，如果他不好好努力，就与他断绝关系。

"有一段时间，我真的感觉，他们待我和其他孩子不一样，"他解释道，"我弄不清自己的位置——就好像我配不上他们一样。"然后，有一天晚上，和父亲坐在厨房里，他突然看到了转机。爸爸直视着他说，他该好好珍惜机会了。"他说，我总在打零工，全靠自己，他为我骄傲。他从没意识到，我不觉得我那是独立和有能力。"

对杰克来说，经过一些成长，他才明白，他正在改变在家时的感受，形成他在现实世界中的生活方式。他意识到不能往后看，而要往前看。正是这种意识让他认识到自己的先天优势——尤其是他善于说服别人的能力。在金融领域，他每天的工作都要用到这个技能。

其次，随着中间小孩开始独自生活，先是上大学，然后是参加工作，他们增加了成就感。自我价值观的塑造，不仅受我们本人观点的影响，也受到周围人看法的影响。每一次里程碑，每一次成就，每一次挑战，都会增强我们的自尊心。所以，中间小孩受到来自朋友和同事的社会认可与激励，反过来日复一日地提升了他们的自尊心。有些自尊心测试中，参与者甚至都没高中毕业。因而，这类细节被忽略了。

太过自信会让人反感

萨达特有段著名的说法，他在小村庄的艰苦生活，加深了他"从未消失的内心优越感"，为他闯荡城市做好了准备。那种自信心首先打击了侵略埃及的英国人，然后是入侵黎巴嫩的以色列人。林肯外表平静，甚至严肃得令人不安。但有时，他在做决断时，也会展现内心的自信。同时期的许多评论者指出，他允许每个人陈述意见，但到做决断时，他不会询问旁人意见，也不会动摇自己的判断。但是，自信与过分自信是不同的，给人的印象也是不同的。

还记得杰克吗，那位纽约的投资经理？几年前，在一项巨额资产投资上，他和一位年轻同事做搭档。他们努力达成协议条款。那位年轻人叫凯尔（Kyle）。他身体瘦高，身上的自信让许多人以为，他比实际年龄大。32岁的他还是单身。

相比之下，杰克个性比较随和。公司里每个人都喜欢他，都觉得他为人可靠，值得信赖。他时不时地会来点诙谐，让人放松。在公司会议上，他与凯尔给人的印象完全不同。他看起来比较冷静，而凯尔却爱恃才傲物。但是，这最终伤害了凯尔，人们开始反对他的看法。"他膨胀过头了，"杰克说，"我不是要挑衅，但他们确实更信任我。"

有时，过分自信的人也会做出超出能力的承诺。这是中间小孩不会做的。他们拥有谦虚之心，因而非常受益，懂得更加慎重，更加注重实际。

中间小孩：操控能力

我们知道，中间小孩不喜欢冲突。他们善于谈判，通常不会与人正面交锋，而会使用一点操控手段。这样做的缺点是，为了不卷入冲突，他们有时会犹豫一上来就谈正题。

但在谈判中，中间小孩的操控力——他们的悟性，加上移情能力和开放性——是他们成功的最关键因素。为了避免冲突，他们更有可能巧妙应对局势，避免极端情绪，用最有效的方式促成交易。

他们的诚实正直让对手放松，使他人开放心胸。中间小孩做事得体，很大程度上是因为不起眼的家庭位置。这有助于他们全面鉴别一场辩论，并表现得愿意让步。开放性的倾向，加上灵活的态度，让中间小孩游刃有余，在不同利益的对决中完成棘手的讨论。这是一项真正有价值的技能。

如果你是中间小孩的父母，那就准备迎接一系列谈判，应付你那位精明的孩子吧。你尊重中间小孩的顽强与思维，中间小孩也会尊重你。如果你是中间小孩，那就放心吧。你天生就拥有一些必备技能，让你在与老板的艰难博弈中取胜，让你抚慰或帮助成年的兄弟姐妹和朋友，让你促成震惊世界的重要和谈。

中间小孩谈判技能的真相

1. 中间小孩是经验丰富的仲裁者

面对兄弟姐妹、朋友和同事纠纷，中间小孩常常是调解人。他们诚实得体，开放自信，情绪稳定，知道怎样妥善处理不和。

2. 他们天生是优秀的聆听者

中间小孩看起来很安静，但他们可能是说得少，听得多。在任何一次对话中，只要坦率阐明观点，哪怕只是简单地问个问题，都可避免被人认为消极或冷漠。

3. 有时，中间小孩只是需要走开

在所有出生顺序中，中间小孩最值得信赖，最懂得给予。他们得意于学习，懂得何时优雅地退出，并说一句："好了，你自己搞定吧。"

4. 有时，他们需要靠近

当有需要时，中间小孩要主动站起来，面对冲突，在人际互动中扮演更加积极的角色，避免显得优柔寡断或漠不关心。

第四章　中间小孩是开拓者

"你自己丢脸，也让全家人跟着丢脸！"一位中年医生责骂儿子。虽然男孩知道，父亲认为他又懒又不尽心，但他似乎也无法改变。这孩子很招人喜欢——性格温和，又懂礼貌——但他也非常顽固。19世纪早期，他出生在一个英国富贵之家，是家里的二儿子和中间小孩。父亲原想，他长大后能子承父业，成为一名乡村医生。但是，查尔斯有其他的主意。

男孩不是个好学生。他刚读了两年大学，就辍学了。他烦透了医学，一看见血就反胃。他反而喜欢诡异的东西，比如收集甲虫、保存动物尸体。他父亲绝望了，把他送到剑桥（Cambridge）当牧师。

然而，情况还是不尽如人意。22岁时，查尔斯请求加入正在环球探索的研究队，他父亲拒绝了。一位叔叔从中调解，查尔斯最终告别了家人。1831年，他开始了传奇的航海旅程。他乘坐小猎犬号（HMS Beagle）绕过南美洲，跨过太平洋（Pacific Ocean），抵达遥远的加拉巴哥群岛（Galápagos Islands），然后回来时通过印度洋（Indian Ocean），绕过非洲之角（horn of Africa）。回到英格兰，已经是五年以后了。

在群岛上，查尔斯·达尔文（Charles Darwin）收获异常丰富。虽然他先前的学术工作并不起眼，可自从找到兴趣点，他看问题也非常完善和深刻了。他关于当地动物的研究，尤其是后来被称为"达尔文雀"的13种鸟类，让他建立了基于自然选择的物种起源理论。如果没有查尔斯·达尔文的物种起源理论与现代遗传学的结合，就没有现代生物学。

达尔文曾经是一位谦逊温和的中间小孩。虽然他在学习上智力表现一般，但对于他感兴趣的领域，他却展现了超常的动力与热情（许多中间小孩都有这样的特质）。意想不到的是，这种动力与热情最终让他在科学界开拓了一条道路——这在当时是革命性的创举——即便200年后的今天，仍有重大意义。

谁是神秘力量的承载者

问到哪个中间小孩引发了深远的社会变革，大多数人都答不上来。但是，当泛泛地问，哪个出生顺序出成功人士，人们通常认为是老大。几乎没人认识到，事实上，相比其他出生顺序，中间小孩更有可能给世界带来变化。像往常一样，长期以来，中间小孩都被低估了。例如，人们通常指出，36%的美国总统是老大。但被人忽视的是，52%的美国总统是中间小孩。（主要原因是，姐姐没被算进出生顺序里。这会造成高估男性美国总统中老大的数量，因为他们有些人其实是有姐姐的中间小孩。）

谈到政治、商业、科学与艺术，从许多方面来说，中间小孩悄悄地统治着世界。想想总统西奥多·罗斯福（Theodore Roosevelt）和约翰·F.肯尼迪（John F. Kennedy）——此处仅以美国首脑为例，商业大亨比尔·盖茨（Bill Gates）和迈克尔·戴尔（Michael Dell），杰出发明家本杰明·富兰克林（Benjamin Franklin），还有创意理想主义者麦当娜（Madonna）和简·奥斯汀（Jane Austen）。这些人拥有截然不同的个性、生活在完全不同的时代、面临不同的挑战，那他们有什么共同点呢？他们都拥有中间小孩的潜力，会把自己的出生顺序变成优势，最大限度地发展他们选择的领域。

为了探索是什么特征让中间小孩成为开拓者，先要研究三个关键问题：

1. 关于智力的辩论和教育在个体潜力发展中的作用

2. 家庭动态及其如何影响中间小孩选择兴趣点

3. 哪些个性特质影响中间小孩为自己开辟新道路和实现变革的能力

在达尔文的案例中，他虽然没有超凡的个性，但无意中找到的位置，让他变得举世闻名，又引起争议。他有条不紊，以极大的耐心追寻兴趣，捍卫信仰。家庭的反对，文化的僵固，他当然也会丧失勇气。但是，达尔文最终拒绝屈服于19世纪的英国社会需求。并且，与许多中间小孩一样，他热忱追求的过程，并不见得是故意制造这些分歧。

关于智力的辩论

中间小孩的特点——包括成为开拓者的倾向——有多大程度是天生的才干、偏爱或智力造成的？在我们的社会，我们已经习惯相信，智商得分高或学习成绩好与人生成就相关。然而，由智商测试评估的智力和个体成功幸福的潜力间的关系，学术圈辩论了几十年。

几乎从第一次智力测试开始，就有人严重质疑，这究竟是在测什么？20世纪初，阿尔弗雷德·比奈（Alfred Binet）创建比奈—西蒙智力量表（Binet-Simon intelligence scale），用以甄别在学业上需要特殊帮助的学生。他表示，智力不是固定不变的。他还认为，只要付出时间和额外重视，学业表现可以显著改善。所以，事实上，智力测试的初衷是为所有孩子争取更多受教育权。

在接下来的几年，智力测试为他人所用，其中包括优生学运动鼓吹者。他们使用智力测试的主要目的是，削减"低能者"和刑事处分者的繁衍。在最近几年，关于智商、种族和文化关联的一些问题，有过激烈的辩论。一些研究者不再过多关注标准智商测试评估的传统智力概念，转而倾向于其他评估手段和观念。稍后，我们会更加详细地阐述这与中间小孩的特殊关系。

是真是假：中间小孩不如老大聪明

几年前，关于智力及其与出生顺序的关系，占据着国际头条新闻的位置。无论走到哪里，人们都会听到，只要孩子不是"老大"，就会极其不利。挪威研究者得出结论，老大在所有出生顺序中"最聪明"。在讨论背后，藏着一个假设：既然后出生的孩子比老大表现得智商低，那么，他们也不会像幸运的老大们那样"成功"。

这些挪威研究者审阅了25万多名年轻人的服役记录，以父母教育水平、收入、孕妇妊娠年龄、出生体重、出生间隔和家庭人数为控制因素，分析了出生顺序数据、健康状况和智商得分。得出的结果很清晰：随着出生顺序的递加，智力测试得分呈现递减趋势。从老大到老二再到老三，智商得分出现一到两分的下滑，以此类推。他们考察6.4万对相邻的兄弟（对比老大和中间小孩，或中间小孩和老幺），发现了相同的模式。有趣的是，出生间隔越大，即一个孩子与下一个孩子的时间区间越大，标准化得分的差距越小。

但我认为，这些结果被夸大了。我不否认，不同的出生顺序，智商得分确实会有变化。但我也相信，一两分的智商差距，对个体潜在的人生成就几乎没有影响。所以，虽然老大在理论上比中间小孩"聪明"，但这对生活质量的长期影响，至今还未证实。

最近有关智力的阐释认为——挪威研究中没有解决的问题——有多重因素在起作用。重要的不仅仅是传统的智商概念，社交智力和情绪智力也同样重要。这些会显著影响职场中的成功和与亲友的人际关系。成功不仅仅关乎知识和抽象思维，还关乎人际关系——这通常是中间小孩擅长的舞台。

中间小孩确实会面临一些障碍

无论你多么重视原始智力或能力，很显然，环境影响着个体能不能抓住机会，发挥自身潜力。比方说，如果一个孩子接触不到阅读材料，就很难提升智力，提高先天技能。一些有意思的研究表明，与其他出生顺序相比，尤其中间小孩获得的教育和金钱机会较少，很难发挥最大潜力。但是，如果真是这样，会产生什么影响？可能跟你想的不一样。

一项有关东西德国教育的研究（使用1945—1978年的数据）表明，作为后出生的孩子，其得不到受教育机会，或仅受到初级教育的可能性大大提高。2010年发表了一项加拿大研究，再次以大型数据集为样本。该研究表明，家庭人数的增加与受高等教育的可能性减少，具有显著相关关系。

我在博士后阶段的研究表明，第一个出生的男孩得到的大学费用更多。一项有关密苏里大学生的研究印证了这一点。该研究显示，中间小孩得到的大学费用资助远低于其他孩子。事实上，研究考察了三个出生顺序得到的大学费用总数。结果显示，33%的中间小孩未得到资金支持，而老大和老幺未得到大学费用的比例分别为13%和17%。关于考察出生顺序和美国、加拿大及欧洲大学入学人员的大多数研究表明，大学与研究生院中的老大比其他出生顺序多得多。

如果说中间小孩得到的父母支持较少，无法培养各种技能，但我的研究从日常逸事和科学角度都显示，中间小孩其实在今后的生活中表现突出。这又是为什么呢？原因在于，影响成功的因素并不只是教育和智力。事实上，它们甚至都不是最重要的因素。几百年来，虽然有关智力的辩论激烈异常，但智力对学业以外的成功产生多大影响，实际上却无法估量。显然，其中有太多的可变因素。智力是复杂的，成功也是复杂的。

要成为开拓者，必须有想象力和魄力。根据我对中间小孩的了解，一旦找到自身位置，他们就会弥补儿童时期缺乏的亲代关注或亲代资源。无论先天智力怎样，无论在学业上或经验中发挥得怎样，中间小孩作为孩子，都会依赖自己，推动自我发展。这让他们在设计人生的道路上受益匪浅。

关键是利用你现有的资源

小时候，西奥多·罗斯福遇到许多障碍。家里的两个中间小孩都是男孩，他是其中之一，夹在姐姐和妹妹中间。作为小男孩的泰迪（Teddy）患有哮喘，身体虚弱。他不能上学。许多时间里，他都静静地躲在纽约格拉梅西公园（Gramercy Park）的褐石里，贪婪地读书。在上大学前，他没有受过正规的教育，也没有做过剧烈的体育运动。但是，他不愿屈服于静止的人生，选择了挑战自我。

和许多中间小孩一样，罗斯福没有轻易被环境打败，他没有对疾病屈服。他拥抱充满活力的生活方式，战胜了病魔。他张望那神奇的土地，美国人可以拯救它，也可以毁掉它。1883年，罗斯福第一次踏上北达科他州（North Dakota）尘土飞扬的平原——这位城市男孩打算在巴德兰兹荒地（Badlands）搜寻野牛。就在他到来一周前，1万头野牛被商业猎人屠杀。北美大草原上的野牛很快就会消失。他全身心地开始驯马生活，并被开阔的景色吸引。他也痛苦地意识到，现代文明的暴力让美景备受威胁。一次达科他州之旅，让他爱上了自然，并开始为土地管理的巨变而积极奋斗。

"智力就是，你不知道做什么的时候，它会派上用场。"瑞士心理学家让·皮亚杰（Jean Piaget）说。这一说法反映的视角，有助于我们理解中间小孩的行为。借助家庭中的位置，泰迪·罗斯福这样的中间小孩成了善于抓住机会的人。反过来，这有助于他们充分利用智力。虽然能力与学业成就相关，但在能力测试（achievement tests）中，智力相同的人却表现迥异。事实上，测量的智力和能力间的相关性几乎不超过50%。这一统计再次显示激发能力的因素中，其他因素也很重要，比如个性、管控功能和情绪智力。我们来仔细研究一下。

通常情况下，管控功能被视为计划和启动恰当行为、约束不当行为的认知系统。例如，在工作中，你跟上司打招呼时会去握手，而不会拍打肩膀：是管控功能帮你挑选特定情况下的正确行为。管控功能是控制和管理行为的过程，即智力的自律。管控功能帮助我们处理相关行为，忽略无关行为。例如，患有注意力缺乏症（ADD）或注意力缺陷多动障碍（ADHD）的个体，通常管控功能不佳，难以集中注意力和过滤外部影响。

情绪智力主要是辨别、控制、评估和管理自身情绪及他人情绪的能力。虽然它对成功很重要，但通常会与标准智商测试测出的智力区别对待。许多人努力抓取社交线索（social cues），操控群体动态（group dynamics）。如果没有与他人良好互动的能力，在世界上求变的机会就相当受限。我的经验表明，中间小孩具有良好的管控功能和优秀的情绪智力。这会影响他们的社会行为，通常使他们成为开拓者，有时还不受个人情况的影响。在第九章"中间小孩做父母"中，我们会更加详细地探索情绪智力。

罗斯福最终会成为受人赞誉的"牛仔总统"——作为阳刚与力量的模范——小时候，他不会想到有这一天。100多年前，罗斯福家族定居纽约市。与城市居民一样，他们远离了艰苦的草原生活。虽然罗斯福没有接受常规教育，虽然他的背景不可能让他准备好扮演西部捍卫者的新角色，但是，利用自身的计划能力、自控与动力（管控功能），以及情绪智力，他打破常规，成了保护自然的开拓者。

家庭动态的影响

中间小孩想与众不同

我刚进研究生院时，感兴趣的就是通常的家庭动态，还有性别与出生顺序在影响特定家庭动态中的角色。我跟许多心理学家不一样，总是重视生物学的重要性。小时候，我着迷于动物行为。后来，我惊讶地发现，动物与人类的许多行为上，似乎存在着格外明显的相似性。看到简·古多尔（Jane Goodall）在贡贝（Gombe）拍下的黑猩猩镜头，看到母猩猩佛洛（Flo）跟人类的母亲多相似，谁不为之动容？对我来说，生物学似乎总能充当同时观察人类行为与动物行为的镜头。

许多人想弄明白，一个人的性格、倾向和能力有多少是天生的，又有多少是受环境因素影响形成的。动物实验——例如把孩子从焦虑的母亲手中抱走，交给平静的母亲抚养——清晰地表明，教养与禀赋在发展中都扮演着重要角色。

毋庸置疑，有些生物学条件和环境条件是孩子几乎无法控制的，会对他们产生巨大的影响，比如赤贫或巨富、被忽略或被溺爱、残疾或有天赋、学校环境和文化等。为了应对周围环境，孩子会形成各种策略。这些策略会影响他们哪方面的个性被压制，哪方面会居于主导地位。

通过这种方式，中间小孩寻找一套方法与行为，帮助他们在家里和广阔的周围世界中找到位置。他们很少像老大那样，扮演伪亲代权威的角色。他们也不像小宝宝一样，没有任何责任负担。因此，中间小孩被晾在一旁，决定自己的角色。当他们这样做时，通常会与兄弟姐妹相关：为了让自己尽可能独一无二，他们定义自己为"与兄弟姐妹不同的人"。而且，与其他出生顺序的孩子相比，中间小孩似乎更关心与兄弟姐妹相比之下的成功。如果你一开始就落后兄弟姐妹几步，更好的策略就是选择一条完全不同的道路。

什么都尝试一点点

琳蒂（Lindie）的姐姐玛克辛（Maxine）比她大三岁，黛安娜（Diane）比她小两岁。她们的父亲大学时是划船运动员，参加过1976年的蒙特利尔奥运会，并且鼓励女儿们成为运动员。玛克辛有一双长腿，毅力超强，是一位明星赛跑运动员。上中学时，她每一场长跑田径赛事都拿奖。到上高中时，她患了复发性外胫炎，转而开始游泳。在大学里，她参加游泳比赛，赢得多个奖牌。

玛克辛的运动天赋令人佩服，中间小孩琳蒂受到了威胁。她什么都尝试一点点——就像量体裁衣。她小时候喜欢赛跑。但她很快发现，虽然在100米短跑的黄金时段，但她的心并不在这上面。15岁时，她认定自己不适合当运动员，放弃了有组织的体育运动。琳蒂后来承认，她也许只是讨厌跟姐姐做比较。

这种情况和达尔文的情况有些类似。他也是逃离了父亲和哥哥为他规划好的路线。也许，无意识中，他在追求独一无二的位置。最终，他决定跟随天性，而不是跟随父兄，并得到了满足。如果他是第一个出生的儿子，他父亲也许会非要他当医生。那样，达尔文永远都无法发展自己的兴趣，抵达加拉巴哥群岛，并因此改变我们对进化生物学的理解了。

来自父母压力的影响

20世纪80年代的一项早期研究中，研究者将环境差异分为两个类别：共享环境和非共享环境。社会经济状况和文化环境为共享环境。例如，达尔文和兄弟姐妹生长在美丽的乔治亚式山峰庄园（Georgian mansion，the Mount）。他们都从父亲的财富和地位中受益。对每个兄弟姐妹而言，不同的是非共享环境。

子女竞争和亲代关注是非共享环境的组成部分——对于家里的每个孩子而言，这种经历是非常特有的。作为中间小孩，面对父亲的期待，查尔斯·达尔文比老大的压力小。他不像老大那样受到赞赏，也不像小宝宝那样受到宠爱，只能开辟自己的道路。

即使父母努力一视同仁，家里每个孩子得到的亲代关注和投资也是不等同的。此外，经历来自兄弟姐妹的竞争时，每个孩子的情况也是独一无二的。最近，两位研究者关注了共享/非共享环境和父母关注。在研究评论中，他们指出，在父母偏爱方面，许多子女表示，他们的经历存在本质区别。"虽然坚固的社会规范要求，父母应该公平对待每个孩子，"他们总结说，"只有少数母亲表示，对不同的孩子，感觉投入的疼爱是相似的。或者说，她们给予孩子相似的关注、控制和训导。"

那些你要去的地方啊

事实是，父母对每个孩子的感情，对每个孩子的期望，也具有很大的差异。这自然影响了父母的行为。有时，父母期望的形成，受到他们对出生顺序差异的观点影响。如果他们期望老大处于支配地位，他们不经意间会深化已经明显表现的支配特质。一项研究观察了105对父母对孩子的期待，给父母成对形容词的列表，比如"被宠坏的——未宠坏的"。在某一时间点，父母要在形容词量表上打分，来描述对独生子女、老大和老幺的期待。然后，他们再描述自己的孩子。

父母对自己孩子的描述，与对假定的同样出生顺序的描述呈正相关。孩子多于一个的父母对老大的描述，似乎要比对老幺的描述积极。与许多研究一样，该研究没有包含中间小孩。但是，有些研究探索了人们对中间小孩的直觉（不是"成见"）。研究表明，在大多数特质中，关于中间小孩都有哪些特质，人们没有一个清晰的概念（不是说"他们从未被视为被宠坏"这一点）。许多人只是把他们排在中间，却没有任何看法。这表明，父母和其他人一样，对中间小孩没有一个非常清晰的形象。因而，这个出生顺序受到来自父母的压力相对较少。

这些结果印证了一项较早的研究。在那项研究中，成年人对老大的积极评价更多，期待也更高。如果老大在家里扮演类似父母的权威角色，父母把他们视为责任人，也不是稀奇事。老大倾向于遵守父母的权威和信仰，父母通常也会为他们投资较多。对他们在学业、职场和人际关系中的成功，父母也抱有相对较高的期待。在追寻成功的过程中，父母会提供必需的资源。

而且，没有经历过童年成就的父母，可能为老大的表现设定极高的标准。来自父母的这类压力可能很难处理。在琳蒂家里，田径明星玛克辛受伤后，想要找到另一个专长时，面对的压力就很大。如果她没那么逼自己，也许她起初就不会受伤。也可以说，如果父母不鼓励或敦促她继续参加体育竞技，她就不会尝试游泳。这里要注意的明显差异是，玛克辛感受的压力来自父母，而中间小孩琳蒂做选择是自己施压。

压力较小是好事

家里其他人都在所选的体育项目中追求卓越，所以，看到中间小孩缺乏动力，琳蒂的父母有些挫败。他们没想到，她对运动的态度，直接原因是姐姐的优秀。他们也从没想到，给予大女儿许多积极关注，会对中间小孩的选择产生任何影响。但是，琳蒂觉得，做一名运动员与姐姐竞争，实在是太难了。

但是，她没有因为这个动态因素一蹶不振。读高三时，琳蒂跟玛克辛的理疗师有过一次长谈，其中谈到了瑜伽。"就好像我脑海中闪过一道光，我想，'就是它了'，"琳蒂说，"'我找到了'！"整个大学，包括后来读研期间，她成为一名正式的瑜伽练习者。当时，没人把瑜伽当做正规的运动追求。但她不在乎，因为瑜伽给她带来身心上的巨大满足。最后，琳蒂从家里搬出来，在加州沙漠地区的小镇上开了第一家瑜伽馆。瑜伽馆很快受到欢迎，她建立了一个体育队。现在，她在南加州地区拥有七家瑜伽工作室。

由于她中间小孩的地位，琳蒂没有借鉴姐妹或父母的道路，开辟了自己的新路。她尝试新东西，发掘自己的活动，让她找到与其他姐妹不同的自己。她花了一段时间，才找到自己应有的特殊位置。但是，她一找到兴趣，就像她的姐妹一样，愿意为自己的选择倾注时间和努力。

但是，压力较小也有缺点

1917年，约翰尼（Johnny）出生于马萨诸塞州。家里有九个孩子，他是第二个男孩。他哥哥高中时踢足球，是明星学员。老约瑟夫（Joseph Sr.）打算把大儿子培养成政治家。小约瑟夫（Joe Jr.）聪明帅气，做事认真，肯定能成为家里的骄傲。

约翰尼是家里的中间小孩之一。他是个瘦弱的男孩，但心胸开阔。他是童子军队员，夏天总和家人在海尼斯港（Hyannisport）度过。青少年时期，他一直读寄宿学校。他经常生病，不是阑尾炎，就是结肠炎，要不就是背疼。哥哥学习用功，约翰尼却是班里的捣蛋鬼——有一次，他用鞭炮炸坏了马桶座圈。最后，他去了哈佛大学（跟他哥哥一样），获得国际关系学位。后来，因为背部病痛，他加入陆军被拒，加入了海军。他大致想了想要不要当记者，但不确定。他觉得，有大把时间可以想清楚。

约翰尼和哥哥都参与了第二次世界大战。1944年，小约瑟夫自愿参加阿佛洛狄特行动（Operation Aphrodite）。行动原定计划是，在装满炸弹的飞机在预定目标上方爆炸前，机组人员会安全弹出。但灾难发生了：飞机提前爆炸，小约瑟夫当场死亡。

哥哥的去世改变了约翰尼的一切。突然，家里空出一个位置需要填补。他很享受原本独立的角色，不用一本正经，可以广交朋友。在学业或事业上，他也感受不到格外的紧迫感。现在，父亲的关注力转向了他。

于是，约翰·F.肯尼迪（John F. Kennedy）决定从政。最终，他成了第35任美国总统。有人一定想知道，如果哥哥在战争中活下来，肯尼迪会选择什么方向。如果不是哥哥英年早逝，就凭他的健康状况和恶作剧名声，他从政的可能性极小。

哥哥的志向造成了长期的阴影。直到他不再远离焦点，不再躲在黑暗处，这位中间小孩才算找到了人生职业。中间小孩要注意，不能消极地让自己被忽略或活在阴影中。如果不是寻求父母的关注，而是相信天赋，满怀独立，他们就会成就辉煌。

个性的影响

辞旧迎新

创新开放性、与众不同、对现存力量与权威的不信任，都是中间小孩学会用来参与子女竞争，获取亲代关注和投资的特质。我们讨论过，中间小孩不会使用周围常见的策略，而更可能尝试不同的策略，希望冒险换来回报。对非共享环境的反应有助于他们形成优秀的直觉性、灵活性、远见性和发展意愿性。

四个孩子中的老三"小诺尼"（Little Noni）不跟随潮流，她创造潮流。20世纪80年代，这位外向的天主教中间小孩头上缠着碎布条，外穿性感内衣。她将宗教意象性感化，震惊了教皇。她创造了一种全球音乐现象，很快她独一无二的名字也被人所熟知：麦当娜。

在密歇根州底特律附近，麦当娜由当设计工程师的父亲和继母养大。她的童年被规则和信仰支配。早年，她觉得要努力工作，好好玩耍，才能显示自己的不同。她不用被迫随波逐流。她每朝成功跨进一步，都是在挑战极限，藐视权威。那时候，还没有家喻户晓的她向迪克·克拉克（Dick Clark）①宣布："我跟小时候的目标一样，我要统治世界。"

在她第一个MTV中，她身穿白色长婚纱，头戴面纱，一条短皮带上印着"男孩玩物"（BOY TOY）几个字。这是将MTV首次捧红的标志性表演。过了没几年，她出版了一本激进的书，名字叫《性》（Sex），就性认识和女性主义引发了激烈的公共讨论。她的视频由于过于挑逗，禁止在电视上播放。不久以后，为了主演电影《艾薇塔》（Evita），她的穿戴要符合时代特征，唱歌也要采用古典唱法。音乐家斯廷（Sting）指出，"她很活泼，会激发情感……她的畏惧和欲望一样强烈。她引领，别人追随"。

麦当娜·路易丝·西科尼（Madonna Louise Ciccone）在流行文化中立足30年，主要是因为她拥有改革创新的天赋和喜欢冒险的倾向。许多中间小孩都一样，一旦他们找到兴趣，就会全身心地投入。对许多人来说，他们希望用宽广的视野和感受能力，影响周围人。中间小孩不会自卑。他们常常拥有强大的动力和摆脱他人批评的非凡能力。

---

① 迪克·克拉克（1930—2012），美国知名电视制片人。

中间小孩会跳出思维局限

　　我职业生涯早期的一项研究为我指明方向，让我意识到，相比兄弟姐妹，中间小孩对新观点有多开放。在一份调查中，将问卷发放给对宗谱感兴趣的人，参与者要根据对新观点和激进观点的开放性，给自己打分。大多数人都认为自己思想开放，因此，有人可能认为，结果不会有很大差异。结果恰恰相反：认为自己对新观点和激进观点开放的老大不足50%，相比而言，中间小孩和老幺超过85%。

　　我觉得很有趣，与其他出生顺序相比，中间小孩更愿意相信古怪的观点（比如冷核聚变），更愿意接受变化。根据我的经验，我父亲（一位中间小孩）虽然坚持用证据说话，但他对新观点很开放，尤其是在科技领域。许多年前，法律还没强制要求不能私装汽车座椅，市场上能买到儿童汽车座椅，爸爸就为我安了一个。看起来可是很有意思：儿童座椅像个蓝色皮质小躺椅，连着汽车安全带，用结扣把我固定起来。爸爸思想前卫，不怕为自己的倾向开路。

　　我们看到，接受新观点的倾向也体现在消费者行为上：一项2005年的研究专注于创新和传统，试图调查出生顺序对消费行为的影响。研究设计了衡量标准，用以评估人们如何看待品牌产品、品牌变更、比较购物、对时尚和产品的创新性以及对人际关系影响的敏感性。这些反映了个人的开放性和对冒险的态度。

　　调查在美国南部的大学生中间进行，并对老大和老幺进行了结果对比。他们发现，老大更有可能被朋友和团体规范动摇，回答以下问题时比较积极：我在购买前，经常会从亲友那里收集产品信息。又如，为了保证买对产品或品牌，我通常会观察别人买什么，用什么。

　　后出生的孩子证明，他们对产品创新稍开放些，从对以下陈述的反映能看出来，比如：我喜欢尝试新产品，看看产品性能。又如，我感觉，工作和生活中最好的做事方式是"实践出真理"。这样的回答反映出，在旧观点仍然可行时，中间小孩和老幺也愿意尝试不同的新观点。

经验开放也会走向极端，所以，中间小孩要小心防止受骗。接受新观点的可行性，表明思想的开放，这值得称赞。但是，接受错误观点或错误行为的可能性也会提高。一项关于子女出生顺序影响的研究中，研究者兼作者弗兰克·萨洛韦发现，后出生的孩子接受加尔颅相学理论（Gall's theory of phrenology）的可能性是老大的九倍——该理论现在已被证实不可信，但在维多利亚时代，这种用颅骨解释个性的理论曾非常流行。所以，只要在接受创新和使用判断力及常识间找到平衡，中间小孩就能避免太容易受骗。

开辟自己的道路

男孩头发乱乱的，略带红色，坐在空荡荡的屋子后面。上个月，湖景妈妈团（Lakeview Mother's Club）组织了一场清仓拍卖，买来一堆机器，看起来像黄褐色的巨型打字机。这位八年级学生倚着一台ASR-33电传打字机（ASR-33 Teletype），似乎看入了迷。他旁边的桌子上，放着一台"通用牌"计算机，灰暗的屏幕上闪烁着绿色的数字。

老师探过头看时，男孩甚至都没回头。"比尔，"她说，"你现在不应该上数学课吗？"

比尔转过身，"我请假不上数学课了，"他红着脸说，"我要弄明白BASIC的最新语言。是一字棋游戏的语言。"

父母和老师经常发现，中间小孩有点让人疑惑。他们通常不像老大老幺那样，会直说需要关注。但是，中间小孩会沉稳地追求自己的兴趣，常常会面对来自大人的怀疑。他们不在乎逆流而下，或承担预期风险。19世纪，达尔文热情地搜集、分类昆虫时，父亲认为他是个古怪的懒人。20世纪70年代，当十几岁的比尔·盖茨刚对新技术感兴趣时，他会花好长时间研读计算机代码，拆解机器，哥哥姐姐们感到惊讶。他对深入理解计算机的渴望，他全身心投入追求的意愿，是个人电脑革命的关键，并在无数的重要领域中改变了世界。然而，他打破一些常规，才获得这样的成就。

比尔·盖茨有个做会计师的姐姐叫克里斯蒂（Kristi），还有个当全职妈妈的妹妹叫莉比（Libby）。他第一次遇到麻烦，是研究计算机中心公司（Computer Center Corporation）PDP-10时，利用了系统漏洞——他想获取免费的上机时间——他整个夏天都被禁止使用设备。没过几年，他无意间传播了可能是最早的计算机病毒，造成全国的互联计算机网络崩溃。这次的惩罚更严重：大三全年都不能使用计算机。比尔的兴趣和付出不仅没有受到称赞，还被认为是个聪明、但有些难缠的孩子。虽然他外表既不莽撞，也不急躁，但他明显的冒险行为，似乎让他惹上了麻烦。

冒险能让中间小孩受益

最终，比尔·盖茨不畏超越障碍，收到了巨大回报。20世纪70年代中期，他从哈佛大学辍学，于1980年为IBM开发微软磁盘操作系统（MS-DOS）。十年后，1亿多份操作系统出售。这位电脑迷在技术界开辟新路，从根本上改变了现代社会的商业与交流方式。

他在商界的非凡成就充分说明，传统的成功之路并不是唯一的道路。如果不能控制冲动、找准兴趣和跳出思维局限，即使最聪明的孩子也会发现，要成功把控人生挑战重重。2004年，《时代》杂志将盖茨列为"20世纪最具影响力的100人"之一，名单中还包括两位中间小孩约翰·保罗二世（Pope John Paul II）和纳尔逊·曼德拉（Nelson Mandela）等杰出人物。自1994年成立以来，盖茨的慈善基金会向慈善事业的捐赠额达40亿美元。

"在不远的一天，你不用离开办公桌，坐在椅子上，就能洽谈业务、学习知识、浏览世界与各地文化、筹办精彩的娱乐活动、结交朋友、逛邻里市场、向远方的亲戚分享照片。"盖茨在《未来之路》（*The Road Ahead*）一书中写道。在1995年，即时通信、YouTube、即时视频下载、iTunes和虚拟现实还未出现，大多数人几乎都无法理解这样的观念，"那不只是你携带的物品，或你购买的设备，"他接着写道，"那是你通往依靠媒介的全新生活方式的通行证。"

这位中间小孩其貌不扬，但却天资聪慧，会约束自我。他找到并发展了对现代技术的热情。他走在时代最前端，开辟了这样"依靠媒介的全新生活方式"，让我们现在许多人都完全依赖它。

以冒险为策略

研究者弗兰克·萨洛韦和理查德·兹维根哈夫特（Richard Zweigenhaft）最近完成了一项有趣的研究。研究观察了职业体协（major league）的棒球运动员，根据出生顺序分析他们的盗垒策略，并从宏观上观察体育中的冒险策略。他们将研究细分为24小项（应答者超过8000人），调查出生顺序和危险运动如足球、曲棍球、长曲棍球和摔跤的参与情况。一项体育运动被认定为危险运动，要根据受伤率、专家或参与者的风险评级、接触或非接触特点判定。

后出生的孩子参与危险运动的可能性，是老大的1.5倍。研究者还分析了职业体协中都打棒球的哥哥和弟弟。样本包括700位男性，他们的兄弟也在职业体协。弟弟采用个别战术较频繁，战术冒险系数较高——从危险或回报的角度来看——比如盗垒策略。此外，在这些尝试中，他们其实比哥哥更成功。

老大在高水平控制力的战术上更出色，比如击球率和避免三击不中出局。这突出说明，虽然哥哥和弟弟在比赛中成就相等，但他们擅长的取胜策略却不同。在后出生的孩子或弟弟妹妹类别中，中间小孩是重要组成部分。他们也属于冒险人群。当他们认为冒险很可能有回报时，他们通常愿意承担预期风险。我们会看到，这不仅适用于棒球运动，也适用于生活的其他方面。

中间小孩在不知不觉中跨越障碍

第二次世界大战后，乔治·S. 巴顿将军（General George S. Patton）说：

"承担预期风险，是与鲁莽行事完全不同的。"中间小孩就是这样做的。他们不像老大那样反感冒险，但也不会不计后果。正如那项棒球队员的研究表明，当可能获得实际回报时，中间小孩才会冒险。他们相对比较谨慎（与较为鲁莽的老幺相比），因而，他们更精于计算冒险的成本与收益。

达尔文再次成为节制有度的中间小孩典范。他谦逊有礼，在不声不响中坚持努力。当时盛行的宗教信仰和意识形态，与他以科学为依据的、苦心求证的研究针锋相对。此外，他妻子也热衷于宗教信仰。她从小就皈依一位论派①，对上帝的信仰根深蒂固。达尔文从小就是圣公会教徒，曾经很想成为一名教区牧师。但是，他后来开始怀疑宗教和教条。查尔斯·达尔文不想追求美名，也不想招致恶名，但热情让他成为国家英雄。他去世后，举行了国葬。

反对传统观点会产生强烈的动荡和压力。然而，中间小孩通常期望卷入争论中。他们冒着被嘲笑、被反对、被打败的风险。达尔文常常会病得很厉害。他一生中，不是呕吐，就是心悸，一折磨就是几个月。他觉得，压力大的时候，病症就会加剧，比如说，他就要展示新研究的时候——当时普遍信仰"创世说"②，他的举动需要冒很大风险。对中间小孩而言，很重要的一点是，不要因为不喜欢冲突，而阻碍你实现目标。尽最大努力阐述观点，提供证据，合理论证。记住，不是只有你一个人。生活中压力繁重，但你有许多朋友可以依赖——要知道，他们也总在依赖你。

谁把事情搞定

我们看到，中间小孩的开放性，让他们比老大更愿意打破陈规，更愿意冒

---

① 基督教派别之一，该派反对三位一体的正统基督论，只承认耶稣的人性而否认其神性，认为上帝只是一位而非三位。

② 创世说，认为人类和世界的起源都是上帝创造的。

险。他们身上，有一种个性，让这种开放性缓和下来，弱化冒险的潜在缺点，这就是一定水平的尽责性。这是个性测试中涉及的五个因素之一。

尽责性关乎自我约束。例如，在尽责性测试中，效率高、有条理的人，比悠闲或粗心的人得分高。当行为不是自发形成，而是计划形成时，也体现出尽责性。我们尤其要关心的是，中间小孩拥有老大和老幺身上的积极性格，又避免了支配性和神经过敏性等消极性格。

通常，中间小孩不像老大那样喜欢对抗或挑衅：老大在支配性和尽责性测试中得分高，会提高其内驱力和目标性。老幺在社交性、开放性和亲和性得分高，比中间小孩容易激动。这有助于促进人际交往，但老幺尽责性的相对缺乏，使他们没有中间小孩值得依靠和信赖。

中间小孩的社交性得分高，展现出外向性、开放性和亲和性最优秀的几个元素。所以，他们既喜爱社交，又有责任心。在平衡这两个元素上，他们做得比其他出生顺序的孩子好。由于这种优势，在取得信任、建立有效协作和开创变革时，中间小孩会比其他顺序的更有效率。

尽责性对成功很关键。无论在艺术上，还是在商业上，没有持续的努力，就无法维持长久的成功。中间小孩不如老大那样有责任心，但这也算是优点：他们不会过度控制局面，也不会以细节为中心。例如，麦当娜喜欢制造震撼，可她也是个认真的女企业家，她在乎细节，拥有惊人的内驱力。19岁时，她口袋里装着35美元，第一次离开底特律，来到纽约市。她以前从没坐过飞机，没坐过出租车。过了不到十年，她成了举世闻名的艺术家。吉尼斯世界纪录将她列为有史以来最成功的女性歌唱艺术家。

除了做歌手，麦当娜还经常革新风格和音乐，并愿意尝试新企业投资。2007年，她牵手演唱会推手"直播全国"（Live Nation），开创性地签署了价值1.2亿美元、为时十年的协议。她意识到，艺术家依靠唱片不赚钱，该接受音乐产业的新模式了。她欣然接受可预期风险的能力，加上她的尽责性，让麦当娜成为一个真正的中间小孩。

中间小孩与未来

我们看到，在家里，中间小孩当不了大块头，也当不了小可爱。他们得不到自己想要的，很早就培养了寻找位置的技能。中间小孩尽可能创造机会，获得亲代投资，或者在其他地方寻找投资——比如说同辈人的投资，在第七章"中间小孩做朋友或爱人"中，我们会详细探讨。他们倾向于尝试和打破常规，以此来凸显自我。

面对哥哥姐姐或弟弟妹妹的等级优势，中间小孩懂得开发交际手段和合作策略，以此反馈所处的环境。于是，他们可以轻松地寻找自我，弄清怎样开发自身天赋，发现周围人身上最好的一面。因此，虽然中间小孩不以支配力或魄力著称，但他们却是最优秀的、特立独行的开创者。

虽然泰迪·罗斯福没经过正规的教育，还经历过严重的家庭灾难，但他努力督促自己，欣然接受全新尝试，投入未知领域。他的热忱、果断和情绪智力，使他成为美国最年轻的总统。但是，那不是他最大的成就。在一个大多数人不重视自然的时代，罗斯福最终克服个人挑战，开拓了土地保护的道路。他的座右铭"说话温和，手持棍棒"，凸显了中间小孩机智的谈判技巧和创造环境、实现巨大变革的愿望。

这位中间小孩统观大局的能力和抵抗现状的勇气，最终促成国家公园和保护区在11个州的建立。开创性的1906年《文物法案》（*Antiquities Act of 1906*）允许政府指定历史地标或科学现象作为国家保护区。"保留它原有的模样，"他提到大峡谷，"不要改造它。"

中间小孩没有固定的父母期待阻碍，愿意尝试新事物，因而比老大更有可能成为创新者。中间小孩有不墨守成规的倾向，还有凸显自我的愿望和强烈的决断力。因此，与其他出生顺序的孩子相比，中间小孩在科学、商业和政治领域能促成更巨大的变革。

关于开拓先锋中间小孩，你应该知道的

1.中间小孩具有隐藏的智慧

尽管有证据显示，中间小孩的智商得分比老大低，但差别是可以忽略的。中间小孩具有出色的管控功能和情绪智力，有助于他们与人交好。因此，他们能在实现社会变革上取得突出成就。

2.障碍变成机遇

中间小孩有动力去克服自身缺点，相信内心力量。他们不用因父母的期待而气馁，不会因父母的不关心或不关注而灰心。

3.中间小孩自己开拓人生道路

为了凸显与兄弟姐妹的不同，中间小孩通常会形成与兄弟姐妹不同的兴趣。中间小孩不喜欢随大流，可能让成年人疑惑。可是，要认识到他们做决定背后的复杂因素，评估他们真正的动因，淡化兄弟姐妹间的竞争。

4.承担预期风险是明智的举动

与老大相比，中间小孩对变化和新观点的态度更开放。但是，他们又不像老幺那样迷恋冒险。处于冒险境地会造成压力，中间小孩有可能受骗。虽然如此，这却会让大多数中间小孩牢牢地保持中间立场。

第五章　中间小孩是正义追寻者

一大早，纽约罗切斯特的一家理发店就开门营业。身穿黑色大衣，头戴高帽的男人转来转去。他们抽着卷烟或烟斗，讨论即将到来的总统大选。第八选区的记录员们坐在灯火通明的店铺里，眼前摞着一大堆账目，还有各种箱子和各家报纸。这是1872年，门罗县（Monroe County）的人正在注册选举。

或者，准确地说，男人们正在注册选举。

一位中年女人挤过人群，进了商店。她留着长发，身穿黑色长袍，饰有花边白领。一起来的，还有她两个姐妹和大约50名女同乡。周围突然静得可怕。她们要做的事闻所未闻。单凭这个女人的行为，就能被起诉上法庭。她将面临的是牢狱，或者责令罚款。她将成为无数政治漫画的抨击对象。可是，她没有害怕。

苏珊·布朗奈尔·安东尼（Susan Brownell Anthony）是一个贵格派（Quaker）大家庭的中间小孩。她终生都在为妇女选举权利奋斗。她成为了一名备受尊敬的，当然也影响巨大的人权领袖。虽然她很清楚自己相貌平平，缺乏演讲技巧，但她顾不得这些，每年要演讲上百场，争取妇女选举权。

什么都不能叫她退缩——她非法注册选举后，美国警长到家里逮捕她时，她没有退缩。获得保释权后，她拒绝支付保释金，坚持留在监狱里陈述观点时，她没有退缩。她创建的全国妇女选举权协会（National Women's Suffrage Association）出现内部争端，她被公开审判、宣告违法罪名时，她没有退缩。这位中间小孩心中有正义。她一直为正义而战，直到生命的终结。

倾向利他主义的天性

一项最近的研究调查了特定出生顺序的孩子的特质。在调查中，196位斯坦福大学的大学生参与其中，中间小孩被列为最爱嫉妒、最没胆量和/或最不爱说话的出生顺序群体。许多人认为，中间小孩童年时期没得到关注。长大后，他们通常也得不到他人真正的关心，因而会心怀怨恨与嫉妒。

但我发现，这种感觉与事实不符。其实，与哥哥姐姐或弟弟妹妹相比，中间小孩长大后，与他人的需求更合拍。中间小孩当然也有缺点，但他们拥有一个受人欢迎的特质，那就是帮助他人的愿望。这使他们在职业选择和生活选择中，倾向于追寻正义。这种利他主义的天性深深地印在他们的灵魂中，并从方方面面中表现出来。

我们看到，受好奇心和尽责性的驱使，中间小孩改变了科学、商业、政治和艺术世界。但是，他们为了凸显自我，也会为信仰挺身而出。中间小孩与其他出生顺序的孩子都不一样。他们有一种无私的倾向，使其投身正义的事业。为了在她的《革命》周刊上宣传女权主义教义，苏珊·B. 安东尼甘愿背负巨大债务压力。《革命》的题词是"真正的共和国——男人的权利，不能再多；女人的权利，不能再少"。虽然她死后14年，女性才获得选举权，但是，她深刻影响了女性解放道路的开辟。

我们只要快速浏览历史，就会发现，追求正义的中间小孩不计其数。美国开国元勋及第三任总统托马斯·杰斐逊（Thomas Jefferson）就是个中间小孩。在17世纪，面对这个新国家，他的指导愿景是，美国要成为"自由帝国"。他肩负起在世界范围内传播自由的责任。马尔克姆·X（Malcolm X）出生在一个重组家庭，家中有十口人。他为非裔美国人摆脱种族歧视奔走，并为此献身。德斯蒙德·图图（Desmond Tutu）——三个孩子中的老二，是南非的人权活动家和诺贝尔和平奖获得者。他致力于提高人们对艾滋病、肺结核、"恐同性恋症"、贫穷和种族主义的意识，并将此作为毕生事业。还有更多数不清的中间小孩被周围的不公平驱使，为追求积极改变而奋斗。

迎接挑战

一位来自波兰的中间小孩有力证明了，中间小孩通常如何克服障碍，为他人服务。1980年，在"格但斯克列宁造船厂"的大标牌下，没有受过教育的失业电工莱赫·瓦文萨（Lech Walesa）焦急地游走抗议。位于格但斯克的列宁造船厂雇用了1.7万名男女工人。"二战"结束时，前苏联入侵波兰，此后，该造船厂开始为前苏联建造超级拖网渔船、水文测量机组和部队登陆艇。但是，战争结束35年后，波兰人还在遭受磨难。他们刚经历了肉价飞涨，买不起肉。他们经常面临断电。每个人干得多，拿得少，都受够了。但现在，抗议渐渐平息了。

瓦文萨是七个孩子中的中间小孩。他直言不讳，有领袖魅力。战争结束时，他父亲去世，母亲嫁给他父亲的兄弟，两个家庭合为一家。他反抗继父，不喜欢跟家人在一起，喜欢与朋友在一起。小时候，他经常闯祸，给大人找麻烦。

8月，在这个暖和的日子，看着工人们的待遇，37岁的他被激怒了。他想建立工会，好谈判提薪事宜。他一心求变，爬上造船厂的铁门，跳入混战中。他集合男女工人，请求他们不要离开。他要求工人们为自己站起来，认为他们应该得到公正待遇。

最后，格但斯克造船厂的1000名工人发起静坐罢工，在全国范围内产生巨大的多米诺骨牌效应。不到十年时间，不只在波兰，整个东欧都崩溃了。

莱赫·瓦文萨敢于挑战权威，并且具有强烈的冒险精神。这对于他成为领袖，帮助波兰摆脱苏维埃的控制至关重要。果敢、乐观和勇气让这位中间小孩为民众追寻正义。他最终成为诺贝尔和平奖获得者，并当选波兰国家总统。

瓦文萨行动主义的故事，很好地说明了中间小孩如何超越周围限制，为所在群体的其他人，甚至整个世界求变。虽然他是个没有外事、商业和政治经验的普通人，但他学会如何在千万人面前有效发言，并最终代表国家，面对外部世界。即便被解雇和入狱后，他也没有放弃战斗。他说服以顽固著称的政府做出彻底改变。尽管困难重重，但这位坦率的普通人改变了游戏规则。他展现了中间小孩身上的许多性格特质，这都是正义追寻者的重要体现。中间小孩：

- 支持受迫害者
- 当和平卫士
- 将信仰付诸实践
- 通过帮助别人来帮助自己

当然了，凡事总有例外。并不是每个中间小孩都会全身心地推动积极的社会变革。最有名的例子就是亨利八世（Henry Ⅷ）。作为中间小孩，他没有为社会造福，反而为了娶一个喜欢的女子，颠覆整个国家的宗教框架。

虽然如此，许多中间小孩还是会为他人利益努力。无论我们是不是中间小孩，通过研究中间小孩为社会改革奋斗，而不为个人利益奋斗的原因，我们会对他们的个性形成深刻认识，这很有启发作用。不过，我们也要研究中间小孩的薄弱点。因为他们过于信任别人，可能会被利用。

当正义追寻者意味着什么

我们都知道有付出多，索取少的人。中间小孩就属于这一类。在所有出生顺序中，他们是付出最多的。这种倾向会产生的结果是，中间小孩的工作和爱好，会偏向帮助别人。

老大倾向于关注自身利益。他们通常当过几年的独生子女。在其他兄弟姐妹出生前，父母把关注完全放在他们身上。甚至在那之后，老大通常还是受关注的焦点。老大感受到压力，会取悦父母，所以，他们在追求成功时，通常会循规蹈矩。也就是说，选择专业时，他们会沿袭前人的脚步。或者说，在寻找职业时，他们更在乎金钱和地位，更加考虑自我满足感。

在所有出生顺序中，老幺最放纵自我。他们习惯了特立独行，对别人的缺点通常没什么耐心。他们是家里的小孩子，有哥哥姐姐帮忙。哥哥姐姐和父母对他们的管束就比较放松。通常，与中间小孩相比，他们受到溺爱较多，比较以自我为中心，因而长大后也不会非常有同情心。

乔（Joe）是个中间小孩。他来自一个三子之家，孩子间的年龄间隔18个月。他们的父亲是一名在纽约市上班的心脏外科医生，母亲在家料理家务。乔十几岁时，许多时间待在附近城边的滑板公园里。哥哥亨利（Henry）不太喜欢运动，专心地研究功课，那是乔做不到的。小儿子查德（Chad）是家里的捣蛋鬼。他父母很肯定，他将来会成为一名笑星或演员。虽然他们都很传统，但支持他的追求。

乔感觉父母不喜欢他玩滑板——他们的沉默似乎是在指责——可是，他还是一直坚持到成年。滑板弟兄就像他的第二个家。他毕业后，就往西搬到南加州生活。在那里，滑板文化更为人接受。为了赚钱，他成了电影道具师。

乔一直都热爱纪录片制作。十几岁时，他会借父亲的超8毫米胶片摄影机，拍公园里的大孩子。上高中时，他拍了一部短片，讲述城市贫困区住在大桥下的流浪者。他一搬到洛杉矶，就开始写剧本，拿给制片人看。30岁时，他成为一名纪录片制作人，专门拍摄争议话题短片。他最近一部短片是关于变性青少年的。"我总想对别人倾诉，"他解释说，"我的工作满足了我。我感到非常幸运。"

是什么让乔成为一名正义追寻者？法国哲学家奥古斯特·孔德（Auguste Comte）在其《实证政治体系》（*Système de Politique Positive*, 1851—1854）四卷本中，提出了"利他主义"（altruisme）概念：该词来源于意大利词"altrui"，意为"属于别人"。他也可能是受到法国法律用语"他人的福利"（le bien d'autrui）影响。孔德给这个词的定义是，渴望做好事，却不求回报。事实上，利他主义的做法会收到一些隐性回报，这样做的中间小孩确实也受益了。由于奉行利他主义的个人，会给别人留下正面印象，所以，这可以成为一个隐秘的动机。同样，通过积极的社会行动，他们获得个人满足，融入群体。在乔的例子中，费力不赚钱的事实并没有影响他。因为，他从职业追求中获得了快乐。面对成长环境，许多中间小孩的反应是，培养技能和兴趣，最终追求事业，而不是收入。

历史的殉道者是中间小孩

暴民们发疯似的欢呼。扬·胡斯（Jan Hus）被剥去了白外套，双手绑在背后。一个守卫全身盔甲，用铁链把胡斯的脖子绑在木桩上，开始在周围堆积木材和稻草。在16世纪，这位来自布拉格的导师与改革家，是十万多名受害者之一——他们或被烧死，或被砍头，或被折磨至死——原因是，他们试图改革天主教会（Catholic Church）。

宗教改革（Protestant Reformation）是一次彻底转变。它摒弃了文艺复兴后建立的传统教义（traditions），要求权力者承担起更大的责任。马丁·路德（Martin Luther）是家里的长子。他是一名德国教士和神学教授。他通过质疑出售赎罪券的做法，挑战天主教会。在接下来短短的几十年内，这项控诉直接打击了教会权威，最终促成了整个欧洲宗教边界和宗教机构的巨大调整。

许多研究试图发现，为什么有人接受宗教改革思想，有人强烈反对。我发现最有趣的一项研究是，将出生顺序与为新思想、新信仰奋斗和牺牲的个体可能性作比较。出生顺序专家弗兰克·萨洛韦研究了参与宗教改革运动的700多名杰出代表，发现出生顺序起着本质影响（并指出，各社会阶层都是一致的）。相比"老大"，后出生的孩子对改革的欢迎度高很多。所以，尽管宗教剧变的发起人路德是"老大"，但愿意为这项事业牺牲的，其实是后出生的孩子。超过40岁的宗教改革参与者中，后出生的孩子支持新信仰的可能性，是老大的17倍。这很大程度是因为，通常情况下，年轻人更有可能是改革者，年长者则会坚持原有方式。

由于中间小孩和老幺都不是亲代关注的唯一焦点，因此，他们自然较少信仰权威。甚至在我们的现代社会中，老大的角色——尤其是长子的角色是唯一的。他们比其他子女肩负更多责任，更认同父母和父母的理念。如果老大违背父母权威，通常是因为双方顽固的性格造成了特有的不和。老大通常会为了既得利益而维持现状，长大后就不太可能喜欢变化和挑战。

萨洛韦还详细分析了殉道者及其出生顺序，这与我们的论题非常相关。看看他这份"宗教改革"样本，为了信仰被处死的个人中，后出生的孩子占了96%。而且，有趣的是，大多数天主教殉道者是老大（他们喜欢固守传统），因为老大比较反感改变现状。"后出生的孩子为了宗教狂热殉道，"萨洛韦解释说，"而老大则为了坚持原有信仰殉道。"

正义追寻者支持受迫害者

阿尔弗雷德（Alfred）小时候，患有严重的跛足症。他瘦得皮包骨头，站都站不稳。在他看来，做富商的父亲是个英雄，而母亲很平庸。家里有7个孩子，他是其中一个中间小孩。哥哥西格蒙德（Sigmund）老是轻视他，所以，他感受到激烈的竞争。

这位生病的男孩叫阿尔弗雷德·阿德勒（Alfred Adler），是20世纪早期的奥地利医生。最后，他成为举世闻名的心理学家，尤其专注于性格动态学的研究。阿德勒摆脱了弗洛伊德（Freud）的精神分析法，因为他认为，精神分析法阐释现在时，过度依赖回顾过去。相反，他信奉精神分析和性格理论，认为外界——社会环境——对内心发展有着巨大的影响。

作为早期著名的出生顺序理论家，阿德勒断定，老大被下一个孩子"废黜"，老幺自由放任，因而很少有社会同理心。尽管中间小孩可能被夹在中间，变得有些反叛，但他认为，在任一个家庭中，中间小孩都是所有孩子中最成功的。他相信，中间小孩强烈地感受到，要证明自己，获得优越感。这种需求会转化为一种健康的竞争态度。阿德勒说："中间小孩倾向于认为，世上没有不可克服的力量。"

我们调查了中间小孩的反叛倾向和挑战权威倾向。在家里，由于享受极少的个人权力，他们会结交朋友伙伴，获取控制感和归属感，以此强化自我。他们善于合作，擅长与家人谈判。这有助于他们满足需求。他们偏爱折中，本能地明白，如果能更加灵活处理，成功的概率更大。老二不喜欢屈服于权威——尤其当老二是中间小孩时。这一切导致中间小孩倾向于支持受迫害者，并且认为，只要方法正确，他们能纠正周围的不公。

中间小孩喜欢保护别人

中间小孩有时候会认为，他们在家里遭遇不公。理所当然，他人遭受的不公待遇，会尤其引起他们的关注和憎恶。他们喜欢关心和保护别人。很自然，下一步，中间小孩就要去帮助别人了。大量咨询文献印证了这一点。

在《为什么老大统治世界，老幺想改变世界》（*Why First Borns Rule the World and Last Borns Want to Change It*）一书中，迈克尔·格罗斯（Michael Grose）主张，由于中间小孩反叛正统思想，他们倾向于依赖事业，为事业奋斗。他们更有可能保护政治不公或社会不公的受害者，而不是热衷于利己的目标。为了获得成就感，老大要以赚取金钱或地位为目标。格罗斯认为，老二坚持的事业，是为了让生命有意义。"'中间小孩'拥有强烈的正义感，"格罗斯解释道，"他们真诚地希望，能纠正世上的一些不公现象，或帮助不公现象中的受害者。"

当纪录片制片人乔上六年级时，在校园后面尘土飞扬的足球场边上，他有时会偶遇一群男孩。他弟弟查德经常在队伍中间，被大孩子欺负。尽管作为一个12岁的孩子，乔比较瘦弱，但他不愿只是袖手旁观。他会冲进混战，抓住查德的牛仔夹克袖子，把查德拽开。"我讨厌他被一群人欺负，那不公平。"他说。这些天生的保护行为，加上他在家中的位置培养的独立精神，使他关注无家可归的青少年，以及后来在纪录片中专注于描述沉默者。

在这方面，莱赫·瓦文萨（Lech Walesa）是个有意思的例子。他的中间小孩身份，不是天生的，而是后天环境造就的（他母亲嫁给了她丈夫的兄弟，两个家庭重新组合）。家庭重组后产生的冲突，让他感觉自己沦为了边缘人。他与继父关系紧张，因此他站在了反权威的立场。领袖级学者霍华德·加德纳（Howard Gardner）认为，对父母"带有不同情绪"的儿童——喜欢其中一方，不喜欢另一方——经常对家庭有一种矛盾感。"行使权力的冲动，"他写道，"表明试图解决这种产生焦虑情绪的冲突。"

我要做进一步的论证。中间小孩与父母的矛盾关系是因为，他们在家中的角色不像兄弟姐妹那样清晰。他们通常不太清楚，别人对他们的期待是什么，并意识到，自己不是关注的中心。虽然他们也不一定会因此发火或痛苦，但会激励他们为受害者挺身而出——代表别人"行使权力"。在瓦文萨的例子中，虽然驱使他的动力不是对权力的欲望或道德权威本身，但他的确会为底层群体的权利而奋斗。

出生顺序和最高法院

为什么最高法院的有些成员接受法律原理，而有些成员却反对？党派联盟和法官提名跟出生顺序有关系吗？北卡罗来纳大学查佩尔山分校（University of North Carolina at Chapel Hill）教授凯文·麦圭尔（Kevin McGuire）想测试出生顺序和政治意识形态间是否有相关性。他知道，社会化的过程——根源于儿童时期——决定了成年后对社会规范、规则和权威的态度。他就此推断，研究童年角色会怎样影响今后的公正决定，将有启发意义。

首先，他发现，自20世纪初起，共和党指派的法官有60%是老大或独生子女。相比之下，民主党总统提名老幺做法官的可能性是前者的5倍。我们由此推论，由于老大等于权威，支持现有规则，他们被认为在意识形态上更有保守倾向。他们对知识创新比较犹豫，比老幺更喜欢支持现状。弟弟妹妹则通常更有创造力和适应力——他们容易接受新观点——表现出更加自由的政治倾向。正像麦圭尔总结的那样，"出生顺序伴随着意识形态而行，两者关系非常密切。"

无论你的政治信条是什么，负责任地说，相比选举共和党的人，选举民主党或选举自由的人，通常会将社会公正事业放在比经济考虑更偏爱的位置。有一个微妙却显著的发现，共和党身份的老幺通常比民主党身份的老大在选举时更开明，这解释了为什么像约翰·保罗·史蒂文斯法官（Justice John Paul Stevens）的"老幺"共和党人投票记录更开明，而像罗伯特·杰克逊（Robert Jackson）这样的"老大"民主党人则比较保守。出生顺序显然是投票倾向的指示器，出生顺序靠后，投票也就可能越自由。

中间小孩与"遵循先例"

最高法院任命的史上最年轻的法官是威廉·道格拉斯（William Douglass）。他因为在法庭上的见解独立和不可预知，获得了"野蛮比尔"的昵称。道格拉斯家在美国西海岸，经常搬家。他是三个孩子中的老二，年轻时就要面对极端贫困，还经常疾病缠身。父亲去世时，他只有6岁。然而，他克服重重障碍，做了大约37年的法官，成为就职时间最长的法官之一。《时代》杂志将"野蛮比尔"誉为"法庭上最遵守教条、最忠诚的公民自由支持者。"

此处，道格拉斯很有代表性，因为，他在法庭决策时，展现了明显的独立性。"遵循先例"——拉丁文意为"遵从已经决定的事情"——是指法庭处理同类案件时，须遵照先前的审判决定的先例原则。一位法官对法律先例的处理告诉我们，那位法官会根据新材料或具体条件形成全新决定、独立决定的意愿有多强烈，或对过往经验的依赖度有多高。"'一位法官'拒绝一些错误的先例'决定'，接受另一些先例而形成自己的观点，"这位中间小孩在美国最高法院里宣布，"他不能让人长眠，不能理解所在时代的问题，所以，他只能自主思考。"作为中间小孩，道格拉斯比其他法官更愿意打破常规，面对每件案子都能形成独立的判断，而不是依赖以前的法院做出的法律推理。

在这方面，麦圭尔的研究很有启迪意义。他的研究表明，相比老幺，"老大"法官更不情愿挑战或颠覆先例。"老幺"法官（比如道格拉斯）比出顺序靠前的法官更活跃，更愿意支持挑战现有民主程序和法律程序。麦圭尔做了一项分析，调查每个法院成员愿不愿结成多数派联盟，好废除法律或修改先例。事实上，他发现，老大和独生子女不愿与同事结盟，以颠覆现有联邦法和州立法。相反，老幺表现出非常愿意质疑当选官员的决定。

那中间小孩呢？他们表现出较强的适应性。他们几乎一致决定，愿意通过投票决定是否颠覆先例。中间小孩再次证明，他们乐于接受不同选择，也愿意接受改变现有规则。

在其他几个重要方面，道格拉斯也很符合中间小孩的特征。他是位热心的环境主义者，赞成给予树木与河流等无生命物体法庭资格。他还发表了美国第一份完全针对环境主题的法律评论。除了在法庭上表现出独立性，他也像许多中间小孩一样，是一位真正的开拓者。

犯罪与刑罚

男人在头顶狂热地挥舞着一条政治标语。琼斯警官（Constable Jones）踏步上前，命令他停下来。可是，J.史密斯（J. Smith）根本不理。他不顾警察的劝阻，再次挥起标语，大喊起来。警局叫来增援，很快围住了史密斯。

但是，他还是不住手。"我有权利！"他大叫，"我有权和平抗议！"

史密斯被拽走，扔到了货车上。他踢着车门，又打又叫。这是1999年的新西兰，他因拒捕和袭警被记录在案。法官认定他犯有引起公共骚乱罪。

在相似的一起案子中，一位新西兰年轻人莱尔（Lyle）堵在酒店入口，抗议住在那里的某国政府官员。客人无法自由出入，酒店员工都很焦虑。酒店保安走过去，让他离开，因为他阻碍了正常经营出入。莱尔也因为妨害公共安全被逮捕了，被判"公民不服从"罪。

一位来自新西兰的博士生以这两个案子为例，再加上其他强调社会问题的例子，研究出生顺序是否影响被判有罪者所受的刑罚程度。他认为，对于藐视地位与权威的个人来说，老大会是更严厉的法官。老二（此研究包括中间小孩和老幺）更容易同情受迫害者。为什么？因为他断定，当被视为受迫害者的人因强烈信仰的理由违法时，其他受迫害者会支持减轻他们的罪过——甚至为他们开释。给几对兄弟姐妹几份修改过的法庭案例副本，包括上面简要介绍的几个案例。要求参与者根据他们认为的犯罪严重程度，判定受刑人的刑罚长度或罚金多少。

在两份案例中，参与的老大和老二都认为罚金（不是监禁时间）是理由充分的——但是，在史密斯挥舞标语、坚决拒捕一案中，老二判定的罚金比老大低50%。老二也较为同情那位酒店抗议者，开出的罚金几乎是老大开出的一半。这样的结果表明，后出生的孩子更容易同情因为道德正义而行动的个人。

中间小孩是和平捍卫者

20世纪30年代，小马丁·路德·金（Martin Luther King Jr）住在佐治亚州。他是一位老成的黑人小孩。他发现，他不能和最好的朋友——一个白人男孩上同一所学校。十几岁时，他到佐治亚州参加演讲比赛，荣获二等奖。可是，回程的路上，在白人学生专座专用的公交上，他被迫站在了公交车后面。在他成功后，还要忍受那样的痛苦。

虽然他祖父只是位小佃农，同龄许多黑人几乎没机会体验社会进步，但金接受了良好的教育。一家人住在佐治亚州亚特兰大一个中产阶级的非裔美国人社区里。与姐姐、弟弟一样，他聪慧过人，发奋努力。他连跳两级，15岁就上了大学，最后攻读哲学博士学位——可是，他还是不能跟白人伙伴饮用同一口泉水。

这样普遍的不平等现象，深深地触痛了金的正义感。很小的时候，他就为别人的荣誉挺身而出，认为自己有权享受公平待遇。小马丁·路德·金长大后，终生为结束种族隔离与歧视奋斗。他是最年轻的诺贝尔和平奖获得者。

虽然生活在多极化时代，但金引起了美国人的共鸣，其中包括黑人和白人。他拥有超强的适应力和耐心。"我们以后还要经历一段艰难时刻，"他在1968年对孟菲斯清洁工的演讲中说，"可现在，我真的不会在意，因为我已经站在了山顶上……我不在乎。"他能看到更广的未来，平息对变革的焦躁，接受更长远的目标。从长远看来，这是实用有效的。金还是位极其正直的人，是非感和道德责任感清晰。"道德的苍穹弧线悠长，"他在华盛顿特区国家大教堂宣布，"但它最终将朝向正义。"

耐心是中间小孩的常见特质，因为，整个童年，他们似乎都在等待父母照顾完不听话的老大，或哄好嗷嗷待哺的婴孩。同样，金对平等和真理的追求，突出表现了中间小孩支持受迫害者，并决心切实改变现状的状态。

中间小孩会走多远

既然中间小孩要代表弱势群体促进变革，有人会认为，他们在追求变革的过程中，会比其他出生顺序都激进。萨洛韦研究了这个问题。他假设，出生排行与意志倔强相关。他验证假设的方法是，弄清在追求事业或理想时，哪个出生顺序最好斗，甚至最暴力。

首先，萨洛韦以反对奴隶制的卓越改革家为对象，研究他们的出生顺序。废奴主义者分为两个阵营：认为应当采取暴力手段的阵营和认为暴力手段毫无益处的阵营。萨洛韦调查了美国历史上64次改革运动，得出结论，废奴运动吸引人群最多的是老幺——但同时，最"激进"的废奴主义者大多是老大。尽管跟其他出生顺序相比，老大更有可能支持现状。可一旦他们反叛，就会全力以赴。

20世纪60年代的黑人权力运动使当时的美国政治陷入泥潭（和越南战争一样）。暴动和私刑处死成了家常便饭。为社会公正而战，就意味着踩在危险的分歧刀尖上。去过印度后，小马丁·路德·金成为非暴力运动的积极倡导者。而像马尔克姆·X这样的中间小孩，不仅认为应该使用暴力，还把暴力视为成功的关键。最激进的组织——黑豹党（Black Panther Party），它的成员经常身穿军装，手持冲锋枪。从萨洛韦的理论来看，它的领导人是家里第一个儿子，大概也没什么可奇怪的了。

金的立场是依赖丰富学识支撑的。他在成长过程中，开始用哲学的角度看待他遇到的道德不公平。17岁时，他一决定成为社会活动家，就开始大量阅读，为追求平等寻找平台，探索运动核心原则。他读过亨利·大卫（Henry David Thoreau）的《公民不服从》（Civil Disobedience）后，对公平的信仰超越了法律。在阿拉巴马州蒙哥马利郡发生公交抵制事件时，黑人和白人都指责他过于妥协，与白人为伍，而不是抵制白人。尽管如此，他还是坚持非暴力主张。他明智地认定，这样的方法是追求公平使命的最有效方法。

我们在前几章研究过，中间小孩培养了独特的谈判技巧，天生更愿意接受新思想。这两种倾向使中间小孩成为优秀的和平捍卫者，听起来似乎有些矛盾。莱赫·瓦文萨和金虽然个性和做事方法不同，但在中间小孩的这个特质上，他俩是一致的。正如萨洛韦所说，中间小孩一旦反叛，"他们大多是出于挫败感或对别人的同情，而不是出于憎恶或意识形态上的狂热。中间小孩是最'爱幻想'的革命者。"

温和派获得头奖

近期有一项研究，深入调查了不同出生顺序的孩子对自身及其兄弟姐妹的不同看法。研究分为两部分。第一部分查看最贴切描述参与者自身及其兄弟姐妹行为和信仰的形容词。第二部分研究动机——这些人认为，他们和别人某种行为方式的原因是什么。

这位研究者收集到来自500多位成年人的数据，他们都来自拥有3个子女的家庭。他向参与者展示了归在叙述大项下的小条目，如下所示：

· 热心（有良心、有责任心、不懒惰）
· 反对正统派（不服从、反叛、反传统）
· 受人喜欢（有魅力、受欢迎）

老大在"热心"上得分最高，在"反对正统派"和"受人喜欢"上得分最低——这样的组合，不可能产生正义追寻者。老幺在"热心"上得分最低，在"反对正统派"上与中间小孩持平，在"受人喜欢"上得分最高。可以说，这样的组合，比较容易产生利他主义者。我认为，由于中间小孩在"尽责性"得分高于老幺（"尽责性"归属于"热心"条目下），他们比老幺更有可能坚持自己的行动。

中间小孩对自身的评级，以及兄弟姐妹对他们的评级都显示，他们在热心、反对正统、受人喜欢方面都属于温和派。在研究的第二部分，通过3个项目分析动机：

· 权力（喜欢控制、喜欢主导）

· 成就（通过成绩、独立性考察）

· 联系（喜欢合作、性格温和）

在这种情况下，对比某一出生顺序的各项目时，中间小孩的成就得分比权力得分高。我的解释是，这表明，他们可能顺利地面对挑战，比较不在意个人晋升。中间小孩对成就的需求高于老么。他们对打破常规拥有动力和情感投入。

我们在此看到的是，中间小孩坚持挑战世界观，在尽责性和开放性中找到最佳平衡，往往会让他们行动起来。中间小孩把自己视为变革的代言人，相信他们的力量会发挥良好作用。

中间小孩善言语，胜过爱刀剑

罗利赫拉赫拉·曼德拉（Rolihlahla Mandela）的父亲有4个妻子，13个孩子。这男孩的名字意思是"惹事精"。尽管他在狱中度过了近30年，这位中间小孩给世界留下的形象，一直都是灿烂的微笑和挥起的双手。与此同时，他永不停息地为国家大业奔走，救国家于水火之中。

纳尔逊·曼德拉，反对种族隔离活动家、诺贝尔奖获得者、老一辈政治家、27年牢狱之灾的幸存者。他大概是中间小孩中最著名的正义追寻者。他生于科萨（Xhosa）部落的皇室，位于当时南非的开普省（Cape Province）。虽然他出生的小村庄很有田园风格，但他所处的国家却被种族隔离政策统治着。曼德拉和其他非洲黑人被剥夺了最基本的权利。他渴望带来变革，就成为一名律师。当与白人起诉者和法官发生冲突时，他可以挑选法庭。

所以，曼德拉是否符合我们对中间小孩的想象，是位温和的斗士呢？——他们心怀让世界变美好的愿望，但是，他们实现愿望的方式更多的是依靠说服和坚持，而不是依靠暴力。

除了用言语和偶尔的行动，曼德拉的例子证明，在一个固执的社会中，中间小孩是如何推动变革的。他的主要目标是为南非黑人追求公正和平等。1960年沙佩维尔屠杀事件（Sharpville massacre）中，69位黑人被白人警察杀害。此后，曼德拉感觉到，他坚持非暴力的主张是个错误。一年后，他成为非洲人国民大会（African National Congress）武装派"民族之矛"（Spear of the Nation）领导。他开始认为，暴力是实现彻底变革的唯一方法。此后没多久，他被迫逃跑。17个月后，他被逮捕，到了约翰内斯堡（Johannesburg Fort）。他被指控蓄意破坏（他对此认罪）和阴谋帮助他国侵略南非（他没有认罪），被判终身监禁。

他的大部分监禁是在罗本岛（Robben Island）监狱度过的。哪怕在高墙之内，曼德拉的影响力也在扩散。随着种族隔离政策开始粉碎，来自国际上的压力，使他在1990年2月获释。面对欢迎他出狱的人群，他说："我们希望，尽快形成有利于协商解决的大环境，这样，就不再需要武装斗争了。"

一位机智的中间小孩行动了起来：曼德拉拥有出色的谈判技巧。他提出和平策略，而且警告当权者最好认真对待。他完美诠释了温和派斗士，是中间小孩的典范。最终，他靠耐心、谈判、热情、自律和魅力实现了目标。

中间小孩言出必行

人们说什么和实际会做什么，通常是两码事。态度没有行动那么有说服力。一项有关"公民不服从"的研究发现了验证假设的完美方案。研究假设，相比老大，后出生的孩子更愿意冒险为他人谋利。尽管样本量相对较小，研究人员分析了北卡罗来纳州的逮捕记录数据，在反抗权威方面，数据清晰呈现与出生顺序有关的模式。

在20世纪90年代中期，凯马特公司（Kmart）遇到了问题。在北卡罗来纳州格林斯伯勒（Greensboro）的配送中心，工人抱怨工作条件、下班时间和福利。两年来，这些抗议者迅速增加，直到当地牧师、社区活动家、大学教授和大学生都卷入冲突。由于无法达成协议，凯马特受到了联合抵制。3个月时间，有150多人被捕，其中包括20位吉尔福德学院（Guilford College）的大学生。

在这些学生中，有17位被追踪询问。他们也代表17位亲密的同性朋友给出了答案（样本量因此增加了一倍）。37位没有被捕的同校生组成了控制组，接受了同样的问卷调查。

结果是惊人的：被捕两次的学生中，100%是后出生的孩子。被捕一次的学生中，有50%也是后出生的孩子。

这项研究得出两个重要的结论。首先，研究支持了一个论点，后出生的孩子比老大愿意冒险。如果打头阵的人被捕过一次，则更愿意冒着再被捕一次的风险。其次，研究强调了后出生的孩子体谅他人的倾向（有同理心）。尽管该个案只涉及一小部分学生，但是，再次被捕者100%是后出生的孩子，这样的结果证实，他们通常会把他人利益放在自身利益前。我预测，这些活动家中，大部分都是中间小孩。

被剥夺公民权也不会气馁

纵观历史及现代，千千万万人经历过磨难，并继续经受磨难。许多人被剥夺了公民权。在这些群体中，有些人选择默默忍受，接受命运。还有人行动起来，改变现状，或帮助他人。我相信，由于中间小孩在家中扮演的特殊角色，他们会比其他出生顺序更愿意救人于危难。

我们看看埃利·维瑟尔（Elie Wiesel）这样的人权倡导者。第一次世界大战结束时，维瑟尔出生于罗马尼亚的喀尔巴阡山区（Carpathian Mountains of Romania）。他和父母、两位姐姐、妹妹被抓进了奥斯威辛集中营（Auschwitz）。他父母和妹妹都被杀害了。维瑟尔是个中间小孩，少年时期的动荡造就的家庭环境，使他受到严重的精神创伤（无疑会影响他今后的行为）。虽然如此，在一个村庄里，这位小男孩依偎在姐姐身边，第一次感受到安全和疼爱。维瑟尔开始思考，如何出人头地，为自己创造位置。后来，他从恐怖的恶行中活了下来。他认为，与他有着同样经历的，有几百万人。而他，正是他们故事的讲述者。他写了40多本书，包括畅销书《夜》（Night），为被纳粹迫害的沉默者吐露心声。尽管被剥夺了公民权，但维瑟尔没有气馁，或吓得默默无为。说起来，相比两个幸存的姐姐，作为一位中间小孩，他更愿意承担起正义追寻者的角色。

这是许多因素作用的结果。从社会心理学上讲，有一种叫"旁观者效应"的现象：紧急状况或犯罪行为的目击者，不会挺身而出，帮助受害者。研究者创造了一种场景，有人在公共场合遇到了严重麻烦——比如说，癫痫症发作或摔倒了——然后，测试经过多长时间，才会有旁观者介入帮助。目击者越多，愿意帮助的人越少。这是由两个基本冲动造成的。

1. 社会影响：旁观者监视别人的反应，决定他们应不应该介入。

2. 责任扩散：旁观者自认为，会有其他人处理的。

我认为，像维瑟尔这样的中间小孩，面对别人的痛苦时，他们的反应是罕见的。我们已经确定，由于中间小孩与受迫害者站在一起，他们就会产生同理心，试图改善那些人的处境。中间小孩做事独立，不会很在乎周围人的看法。就像滑板爱好者乔一样，时间一长，中间小孩发现，他们有能力制造变化——即使变化并不引人注目，而是缓慢进行，循序渐进。自我决断的能力，对质疑能改善现状的坚信，使中间小孩行动起来。我们看到，他们尽责性的提高，也会刺激行动，而不是认为，会有人出来做好事。

你当然可以说，老幺与中间小孩有许多相同的个性。比如说，乔的弟弟查德对外人的认同，多于他大哥（他大哥最后像爸爸一样，成为一名外科医师）。可是，老幺可能喜欢冲动，以自我为中心，行为也会反复无常。虽然跟老大一比较，他们也自认为是受迫害者。可是，他们满足自我需求的方式，更多的是通过装模作样，而不是秘密行动和耐性。所以，老幺帮助弱势群体的可能性相对较小。

中间小孩找到发言权

空袭警报消停了，其他同学都跑出去了，可有位少女还坐在自己的座位上。这是20世纪60年代的加州，冷战局面正盛。核毁灭的威胁，吓得人人自危。可是，女孩认为，那是政府宣传，故意制造恐慌，她不要因此动摇。

那女孩叫琼·贝兹（Joan Baez）。事件发生后不久，她听了小马丁·路德·金的演讲，并大受触动。她父亲在联合国教科文组织，从事卫生保健工作。因此，他们一家人在美国、欧洲和中东许多城镇居住过。在3个孩子的家庭中，贝兹是二女儿。她很早就认为，"人生真正的核心"是社会公正。

和许多中间小孩一样，贝兹认为要积极行动，运用歌唱天赋——和非凡的公众欢迎度——推广她的非暴力思想，尊重公民与人权，保护环境。在一次采访中，当问到她的灵感来源时，她解释说："不是因为我想到了，弄明白了。而是因为，我静静地待着，不知从哪儿得到一道指令。"她感觉，必须做好事，必须坚持信仰，必须努力影响别人。尽管贝兹曾被逮捕两次，因公民不服从罪名入狱一次，但她出色的音乐，为她宣扬和平与公正，提供了最有力的途径。

随着一天天长大，中间小孩获得更多自由。这意味着，他们可以比老大更自由地发展和追求兴趣。由于中间小孩比老幺更有责任心，他们比老幺更愿意为兴趣付诸行动。在家庭结构中，中间小孩处于相对弱势位置，他们因而会同情弱势群体。长大后，他们通常把热情和精力放在帮助受迫害者上。结果，许多中间小孩选择终生为他人服务。他们用实际行动坚持信仰。

无私的中间小孩面对的陷阱

被坏人蛊惑的中间小孩中，最著名的要数派蒂·赫斯特（Patty Hearst）了。

有一张照片，许多人都很熟悉：报业大王的女继承人被绑架，双腿叉开站着，身后是游击组织——共生解放军（Symbionese Liberation Army）的大蛇形标志。她头戴时髦的贝雷帽，一身迷彩装，双手端着一架机枪。

派蒂·赫斯特生在权贵之家，5个女儿中的老三，是出版巨头威廉·蓝道夫·赫斯特（William Randolph Hearst）的孙女。小时候，她就厌恶政治，喜欢舒适的家庭生活。可是，19岁时，她在旧金山的公寓内被绑架。在囚禁的几个月中，她逐渐接受为这个左翼游击组织卖命。高潮是，她参与了日落区（Sunset District）的一次银行抢劫，那是她成长的地方。她被逮捕，接受审判，并被判入狱。

这种异常现象是极其罕见的，被称为斯德哥尔摩症候群（Stockholm syndrome），用于描述人质对绑架者产生非理性情感的现象。不过，有人会问，面对这个政治派的说辞，如果不是中间小孩赫斯特，而是赫斯特的姐妹，会不会也一样容易受影响。显然，她的天性原本没那么极端。被赦免后，赫斯特很快重新融入主流，结婚生子，远离了公众的焦点。

派蒂·赫斯特的例子可能有些极端，但她的故事是个警告。中间小孩很容易同情别人，他们有时努力支持的，反倒是坏事或坏人。为了防止中间小孩被利用，在选择支持的事业时，一定要考虑周全，再做决定。

中间小孩自我保护意识不强。如果一个人很容易为他人困境所动，会先考虑他人利益，后考虑自身利益，这样，就很容易给自己带来麻烦。坚定的天主教徒、孩子越来越多的莱赫·瓦文萨由于政治活动被开除，不能再做电工，许多年都处于失业状态。格但斯克造船厂罢工后，他被监禁了11个月。他对社会公正的执拗，给家庭带来了严重困难。可是，这样的结果，名义上却是为了更伟大的事业。小马丁·路德·金为了信仰，遭受了逮捕、殴打、威胁和最后的暗杀。纳尔逊·曼德拉一生中，大部分是在监狱度过的。虽然这些例子都很极端，但中间小孩通常会为了冒险和变化，给自己的生命带来危险。

对一些中间小孩而言，他们的感情可能胜过理智：当为一项事业投入时间或金钱时，他们对自己要求极高。通常情况下，中间小孩选择职业的依据是工作的道德价值，而不是薪水高低。如果你的结婚对象或孩子是中间小孩，就要做好准备，在未来，金钱可能不是第一位的。

中间小孩通过帮助别人，来帮助自己

中间小孩喜欢帮助他人，因为他们会从中获得满足感和幸福感。这源于与他人形成的亲密联系。根本上说，中间小孩是喜欢归属于社区或自组家庭的社会人。从这种意义上来说，通过关注社会公正，中间小孩甚至不用刻意追求，就在人生追求中获得了个人满足感。在极端变换的现代，传统的成功道路正在不断被再次审视和再次定义，这一点就变得很关键。中间小孩帮助他人，其实是在帮助自己。

在《全新思维》（*A Whole New Mind*）一书中，作者丹尼尔·平克（Daniel Pink）认为，在过去的100年中，移情、快乐和有目标等品质被误认为毫无价值。但在现代生活中，尤其是技术变得至关重要后，这些将成为预示成功的品质。按照平克的说法，"左脑"统治时代将让位于"右脑"品质称霸的新世界。"未来属于完全与众不同的一类人，"平克陈述道，"……他们懂得创造和移情，会识别模式和制定目标。"我们在本书第一部分看到，中间小孩在右脑竞技的许多方面都很突出。他们能跳出固定思维模式，想象力丰富，懂得灵活应对，而且通常没有私心。他们能看到大局，热情行动又有理有据。而且，他们的行动指南是事业，而不是赚钱。

中间小孩的人生靠目标和意义支撑。由于中间小孩倾向社会公正，通过帮助他人追求个人满足，我认为，他们的特质会在未来世界中助他们一臂之十。在本书的下一部分，我会深入研究日常生活的方方面面——工作、爱情和家庭关系——揭示实际方法，帮助中间小孩挖掘自身被低估的突出能力。

为什么中间小孩有动力做好事

1. 公正作为目标

由于在家庭结构中，中间小孩处于相对弱势的位置，他们通常喜欢受压迫者，同情弱势群体。为他人行动，为他人谋公正使中间小孩获得行动意义。

2. 中间小孩不愿袖手旁观

即使环境很复杂，中间小孩也坚信行动的力量。由于他们比老大更有移情心，比老幺更有尽责性，所以相比其他出生顺序，他们会为比自己更窘迫的他人行动起来。

3. 中间小孩不惧挑战极限

在中间小孩眼里，权威人物并非绝对可靠，现状也不会一成不变。他们不相信，世界上有哪种力量是不可战胜的。这种信心和动力让他们接受新思想——并为改变陈旧思想和不公思想而奋斗。

4. 但他们不会大吵大闹

中间小孩倾向温和，而不是极端。中间小孩善于寻找解决问题的方法，创造必要的变化，耐心和毅力使他们成为强大的对手。

5. 中间小孩可能付出过多

中间小孩的慷慨值得称颂，但他们也要保护自己，不被坏人坏事伤害。许多中间小孩为公正事业牺牲，他们可能太过无私了。

揭示中间小孩
的神秘力量

第六章　中间小孩在职场

　　谁能想到用电脑点餐？一位顾客站在汉堡店里，可能想要腌菜汉堡，配上番茄酱。另一位可能想要夹生菜的汉堡，不配番茄酱。技术型顾客不一定希望自己电脑里都是和别人一样的特点。不是每个人都喜欢或想要30GB的记忆空间。一些买家想要影像功能，却不想为DVD刻录机掏钱。15年前，一个真正彻底的想法出现了，顾客可以个性化设计电脑（而且价钱担负得起）。这重新定义了21世纪的全球供应链。

　　这需要有人具有打破传统的能力——还要用说服力和谈判技巧，让人们改变看法。而且，他还要是位优秀的团队领导——彻底改变20世纪80年代电脑的购买销售方式。这个人是来自得克萨斯州休斯敦的一位少年。尽管他12岁就开始打零工，但摆在他心里第一位的，不是职业、职位或事业——而是跟随潮流的热情。

　　上大一时，他在得克萨斯州立大学的宿舍就很有看头。地板上到处都是电脑零件，桌上扔的都是拆散部件，到处可见各种工具。用父母的话说，他在"浪费"时间，拾掇这个"电脑玩意儿"。父母希望他成为一名医生。

　　如果做牙医的父亲和做银行经理的母亲想来宿舍看看，他只要一听说，就得抓紧最后一刻，开始疯狂大扫除。他要清扫零部件，先堆在室友的浴缸里，猛拉上浴帘。各种工具和拆了一半的电脑也要收起来。

　　男孩后来承认："父母阻止我做下去，可能促成了公司的建立。"

职业、事业，还是日常工作

从许多方面来说，工作动态都反映了家庭动态，因而产生了一种出生顺序涟漪效应。如果及时认清，这就是有益的，而非有害的。中间小孩可以利用童年时期形成的优点，避免一些缺点，帮助自身找到有益的日常工作。

迈克尔·戴尔（Michael Dell）是三个儿子中的二儿子。父母对儿子期待很高，鼓励儿子尽早工作，好形成金钱价值观，并开发赚钱的潜力。在戴尔的例子中，他一开始就是个出色的孩子。他8岁参加了高中入学考试（没有考上）。12岁时，他在中国饭店里做服务员，赚了不少钱。14岁时，他开始投资股市。16岁时，他卖报纸赚了好几千美元。

引导这位中间小孩前进的，更多的是兴趣，而不是变革技术的宏大目标。"你要对某件事天生偏爱或有想法，而且要对它有热情，"戴尔解释说。专家们一致认为，兴趣和热情是在职场获得快乐、平静和成功的钥匙。"找到真正的兴趣，然后不懈追求。不要为金钱烦恼，"讽刺网站洋葱新闻网（Onion）的总裁史蒂夫·汉拿（Steve Hannah）说，"因为你的兴趣，很可能也是你的特长。而特长最终可能为你带来经济收益。"

许多时候，不是我们选择事业，是事业选择我们。有时候，我们找到一份日常工作，最后成了事业。偶尔，我们专注于一个兴趣，最后成了一个行业。"职业"（vacation）源于拉丁词"vocare"，意思是召唤。因为，行业就是召唤，它更像是寻找和追求一个目标——中间小孩喜欢做的事（参见第五章）——而不仅是按时打卡。"最深刻的职业问题不是'我这辈子该做什么？'"作家、教育家帕克·帕尔默（Parker Palmer）博士说，"而是更加根本和迫切的'我是谁？我的天性是什么？'"迈克尔·戴尔19岁时，在自己的宿舍里创造了戴尔电脑，成为福布斯财富500强名单上最年轻的人，并促使他成立了庞大的戴尔公司。"对我而言，这就像一场巨大的游戏。"戴尔说。

相比之下，事业（career）一词源于拉丁词"cart"和法语词"racetrack"，表明追求事业就像绕圈跑。当你喜欢攀登峰顶——从升迁中获得满足，而不是为工作而工作——你就建立了事业。我们许多人成为这类人，就已经很高兴：建立满意的事业就算高额回报，哪怕它不是生活的核心目标。

说到底，工作是为了薪水，这样你才能关注工作外的生活。或许这正是因为你的选择有限。虽然许多人的工作都是这样，但却不是理想状态。在职业生涯中，我们要花30%的时间工作，所以，一份干起来满意的工作是非常让人高兴的。

我们的现代职场

按照社会学家的说法，自工业革命以来，美国人和欧洲人现在的工作时间其实减少了大约50%。当时，大多为劳动密集型工作，工厂挤满了男人、女人和儿童。他们每天工作12~16个小时，每周工作六七天。后来开始大规模流水线生产，在许多发达国家，许多工作只需坐在办公桌边，对着电脑屏幕。可是，工作时间虽然名义上减少了，可现代职场却与技术联姻了——使得我们的工作永远也做不完，哪怕我们表面上下班了，却还没有停止工作。

而且，我们换工作的频率比过去更高了。根据美国劳工统计局（Bureau of Labor Statistics）的信息，最近的出生高峰使18岁至42岁间出现了11种不同的工作。这表明，为了愉快地工作，人们必须决定个人与职业优先项目，充分了解自身优缺点，做出有益于成功的周全决定（既考虑全球形势，又着眼于日常生活）。受到出生顺序的影响，我们形成特定的优缺点。充分考虑这一点，对做出职业决定会起到有益的启迪作用。

这引发了一个问题：为了在职场中收获快乐与成就，具体需要付出什么？在2002年，一份劳动部的报告列出了雇主对雇员最期待的个人特质。以下是对比雇主的职场期待，中间小孩的状态：

表一　中间小孩与职场标准的匹配程度

雇主喜欢的品质	中间小孩拥有的优秀品质	中间小孩需培养的优秀品质
责任心	面对目标的努力与毅力	高标准和对细节的关注
	活力与热情	即使是不喜欢的任务，也能集中精力
自尊心	通晓技术能力	相信自我价值
	意识到对他人的影响	了解情绪能力与需求，以及如何应对
社交能力	理解、移情和适应能力	维护自我
	对他人说话做事表现出兴趣	
自我管理	准确评估自身技能	
	拥有明确实际的目标	
	为达成目标监督进程；做事主动	
	展现自控能力	
	接收反馈时不抵触	
正直/诚实	值得信任	
	行动合乎道德标准	

这些项目被认为在职场成功中起关键作用。它们代表了在日常生活中，我们或多或少都要应对的方方面面。如果我们能妥善处理自身能力，我们也就能估量怎样分配时间和精力。如果我们一遇到失败就放弃，也就不可能取得个人成功，或为组织取得成就。如果我们能适应环境，也就能较好地克服障碍。不用别人盯着，也能主动工作，是很关键的。自然了，可靠和移情帮助我们增强人们的信心，也让我们获得越来越多的责任心和影响力。

在研究中间小孩对职场的贡献期间，我发现他们在追寻事业成就和快乐时，会用到五个关键因素。通常情况下，中间小孩会这样做：

1. 找到内心动机
2. 面对逆境
3. 拥有毅力和远见
4. 考虑别人的感受
5. 自我管理

本章有助于中间小孩更好地了解，他们适合什么职业道路——无论他们刚刚起步，还是处于事业中期。确定他们的才能和兴趣——甚至激起他们的热情——是重要的起点。洞察个性特质有助于他们走好第一步，或在偏离轨道时调整自我。

中间小孩在家里形成了哪些特质——它们在职场中又展现了怎样的优缺点？尽管中间小孩有许多优点，但有些倾向却可能造成办公室麻烦。尽管他们自称，在日常工作中，他们比其他兄弟姐妹快乐。但是，由于习得行为的影响，他们确实会面临一些挑战。最主要的陷阱有哪些，他们怎样克服？中间小孩适合什么样的工作，他们应该避免从事哪些工作？

关键因素#1：中间小孩找到内心动机

莎拉（Sarah）不想当律师，但她不能告诉任何人，至少不能让父亲知道。她小时候，父亲就把她放在腿上，给她讲法庭上的事。他抽着烟斗，闭上眼睛。她看得出来，他虽然疲惫，却热情不减。十几岁时，莎拉经常听父亲做结辩陈词。在市区的旧法庭上，木屋里充斥着父亲的演讲技巧和严肃意图，莎拉就在倾听。大学毕业后，不用想，她要在父亲的法律工作室干几年，然后申请法律学习。

家里有三个男孩、两个女孩。作为老大，她总觉得自己在家中的地位特殊。如果厨房很吵，或者弟弟妹妹打闹，她就敲开父亲的书房门。父亲会让她走进安静的内室，闻到烟斗发出的甜味。虽然上完第一年，她就怀疑做公诉人没什么用处，但法律学校还算有意思。而且，她常常想象自己当公诉人。她希望，她一走进法庭，会有不同的看法。她要学着让坏人坐牢。爸爸喜欢自己的工作，她也会喜欢的。

可现在，她每天都害怕上班。每次分给她一个新案子，她都像在面对末日审判。世界上，她最不想坦白的对象就是父亲。可是，圣诞节回家后，一天早上她来到父亲的书房，告诉父亲，她犯了个严重的错误，她要弄清这辈子真正想做的是什么。

虽然父亲从没强迫她当律师，可莎拉和父亲拥有相同的个性特质和兴趣，这似乎是不言而喻的。这最终给了她无形的压力。她妹妹朱莉（Julie）成为明星运动员，参与铁人三项运动。两个弟弟拥有完全不同的职业：一个是银行家，一个是客座音乐家。她审视弟弟妹妹的生活后发现，他们似乎对自己的选择都很满意。莎拉不明白，为什么她会选错路？

在大家庭中，老大满足期待的压力——哪怕是无声的期待——比其他子女要大。当然了，满足期待的尝试绝不会自发带来失望或失败。研究表明，国家优秀奖学金获得者、美国高考（SAT）高分获得者、博士攻读者、工程师和科学家当中，老大占有绝对大的比例。根据1990年《贝勒商业评论》（*Baylor Business Review*）的一篇文章，最早的23位宇航员当中，有21位是老大。老大有魄力，有成就——可是，他们也会盲目地追求眼前的道路。莎拉追求的事业，与她的个性非常不匹配。当她考虑为什么时，发现原因很简单：她只是没想清楚，她的内心动机是什么。

将内心动机与事业发展相匹配

2001年，一项有关出生顺序与事业发展的研究发现，老大和独生子女倾向于从事有声望的职业，如律师和医生。"父母的孩子一多，就开始变得开放灵活，"一位研究者解释道，"因此允许小点的孩子冒险。"在他们看来，这会让后出生的孩子在选择职业时，拥有更多灵活性。这解释了他们的发现——中间小孩和老幺更偏向从事艺术工作和户外工作（被视为较不稳定的工作）。中间小孩可能喜欢戏剧指导、公园管理员、博物馆管理者或消防员等职位。

我们从莎拉的家庭看到，根据孩子原始家庭位置的不同，父母会有不同的需求和期待。她家里的两个中间小孩——运动员和银行家——在弄清想从事什么职业时，比莎拉花费的时间要长些。中间女孩朱莉的大部分动力来自运动天赋，并在大学期间积极参加竞赛。后来，她担任夏令营老师，然后成为她原来那所高中的助理游泳教练。她不用过多担心赚大钱：她优先考虑的是，花足够的时间坚持体育生涯，教孩子们体育。大约30岁时，她成为附近州立大学的一名理疗师。尽管她要回到学校学习，但那时候，她弄清了自己真正想从工作中获得什么。

凯尔是家里第一个男孩和第三个孩子（第二个中间小孩）。在成长过程中，他有时厌恶父亲对莎拉的大量关注。可最终，他意识到，他比大姐多了一些自由。虽然他讨厌学习（尤其是历史，他在十年级时考试不及格），但他数学很好。他品貌出众，喜欢追求刺激。

朱莉和凯尔这两个中间小孩意识到，自己比莎拉更独立。他们花费较多时间和精力，考虑个人倾向与个人特殊技能的匹配度，最终选择了长远上更适合他们的职业。在评估了自身动机后，他们选择的职业发展，更有利于发挥他们的特殊技能。

一项大规模的研究调查了人们选择一份工作，而不选另一份工作的原因。为判断老大、中间小孩和老幺选择工作背后的动机，对500位成年学生（均来自3个孩子的家庭）进行了询问。研究中测试的3个动机为成就、社交和权力。

- 成就：应答者设定了可以达到，且有挑战性的目标吗？他们需要或想要许多成绩反馈吗？
- 社交：在工作场所，与他人建立和维持友好关系，对他们来说有多重要？
- 权力：他们影响他人行为和想法的欲望有多强烈？

虽然作者预想，在成就需求上，中间小孩会比其他出生顺序得分高。但他的研究结果却恰恰相反。他认为，中间小孩寻求关注的家庭经历，会让他们更重视达成目标，获得持续的反馈（积极反馈更好）。而事实上，面对一连串同样重要的动机，他们的经历似乎只让成就需求成为动机之一。

社交需求是评估社交性和友好性重要性的标准，老幺在社交需求上得分最高。中间小孩紧随其后，得分第二，也不奇怪。在成就需求上，老大得分最高，中间小孩正好排在中间。在权力方面，老大再次得分第一。中间小孩则将权力排在中间位置，在权力的获取上表现得最适度。

这引出了一个容易被忽视，却非常有价值的认识：中间小孩倾向于重视过程，胜过结果。这会成为职场上巨大能量的来源。它表明，中间小孩付出更多的时间和精力，确保每天的工作经历都有乐趣，有收获，而不是为了未来而刻意关注特定目标。我们从迈克尔·戴尔身上看到，他关注较多的是，做有意思的、自己喜欢的事情，而不是赚钱。兴趣当先，金钱其次。"真正的追求，是追求你的信仰，"《我该怎么面对我的生活》（*What Should I Do With My Life*）一书作者坡·布朗森（Po Bronson）说："让大脑为心灵战斗。"

跟随内心动机的不利因素

激发动机，真切感受对所选职业的个人喜爱，是非常了不起的。可把现实考虑放在一边，也会有不利影响。多项研究发现，后出生的孩子在选择职业时，动力多为其他考虑，而不是金钱。虽然这本身没有坏处，可从收入稳定方面考虑，却会带来不确定性。创新型事业和许多人际关系型职业（如社工或社区活动者）一样，薪水少得可怜。

中间小孩在乎想法多于数据，在乎观念多于实际。Careerbuilder.com调研了将近9000人发现，与老大和老幺相比，中间小孩年薪更有可能不超过3.5万美元。在我本章的举例中，一些中间小孩也赚了大钱，可是，我们通常不会把中间小孩的性格与公司总裁的性格联系起来。我们会认为，公司总裁喜欢支配，态度强硬，竞争力强，遵循传统，缺乏移情心——这是爬到顶峰的必备特质。可是，后出生的孩子做领导时，会展现不同的管理风格。他们在所选领域升到高层，部分原因是他们与雇员的交流风格很有激励作用。而且，他们喜欢在策略和结果上冒险，会带来巨大的成功。所以，如果那是中间小孩的热情所在，他们其实能实现双赢。

自然了，有许多中间小孩工作同样努力，却收入较少。有一句真言，我们听过无数次：金钱买不来幸福。中间小孩似乎天生就明白这个道理。只要他们意识到职业选择带来的收获——各方面的收获，不单指经济收获——他们很有可能最终在职场找到满足感，无论收入怎样。

受统治的中间小孩会焦躁

我们再回到莎拉的例子。作为老大的她，对公诉人的职业不满意。妹妹朱莉（中间小孩）经过几年探索，找到自己的兴趣，成了理疗师。在威斯康星州，朱莉小时候就讨厌姐姐"无所不知"的态度。在周末或家庭假日，每当问孩子想做什么，父亲也老听姐姐的，这点也让她很烦。朱莉喜欢体育的原因之一是，莎拉连球都不会拍，短跑也不行。她喜欢教练关注她、激励她。每当她参加体育竞赛——哪怕没赢，她也感受到力量和独立。

可大学毕业后，在夏令营的第一份工作中，她适应不了夏令营主任和那批督导。不知多少次，一听到别人告诉她该怎么做，她就烦躁。还总有人提醒，制定规则和做决定的不是她。最后，当了理疗师，给大学运动员做个别辅导后，她才找到自己可以主宰的工作。

家庭动态也会迁移到职场上。虽然中间小孩以内心动力为导向的选择很不错，可有时候，他们还是要向权威学习，服从命令——无论是在职场，还是在家里。最好避免层级结构严格的工作，比如政府、牧师、法律工作，医药专业和金融分析。

中间小孩要放开与哥哥姐姐或父母的家庭经历，在职场中找到与权威人物相处的舒适区。否则，他们在工作中将无法驾驭层级关系。

关键因素#2：中间小孩面对逆境

卡拉·卡尔顿·斯尼德（Cara Carleton Sneed）是个中间小孩，家里人都爱艰苦奋斗。生于得克萨斯州奥斯丁的她工作非常努力，会为自己设定极高的标准。她是家里的调停者，经常出面平息战火，稳定局面。"我成了家里的外交官，"她在自传中解释道，"总是介入家庭争吵，听听各方意见，考虑每个人的感受，想办法平息不和。"后来，她在寻求成为商业"变革斗士"时，这些技能成为无价的财富。

可是，大学毕业后，这位年轻的女士不知道下一步该怎么办。在法律学系刚读了一学期，她就退学了。法律不适合她。她在意大利教过英语，临时做过几份秘书工作，想弄清楚这辈子想做什么。几年后，她进入马里兰大学商学院（University of Maryland Business School），然后供职于美国电话电报公司

（AT&T）。又过了不到20年，卡莉·斯尼德·菲奥里纳（Carly Sneed Fiorina）成为登顶"财富20强企业"的首位女性，许多人称赞她为女性打破了神化的商界"天花板"。

畏惧变化——或畏惧陌生——会使人在职场缩手缩脚，通常会停滞不前。"生存下来的人，不是最强大的，也不是最聪明的，"菲奥里纳说，"而是最适应变化的。"在商界和政界，成功的一个关键因素就是，根据特殊情况需求做决定，而不是出于恐惧或欲望而维持现状。这不仅适用于我们追求的职业，也适用于我们在特定职位上做的决定。"成功者与失败者的区别在于，如何应对每次新的命运无常。"这是中间小孩唐纳德·特朗普（Donald Trump）的名言。

接受变化是一种冒险。我们看到，在冒险上，中间小孩比老大开放许多，但又不像老幺那样，为了冒险而冒险。于是，中间小孩就能做好急诊室护士，因为，每天，他们都要面对快速变化的环境，并快速思考。同样，当企业家或消防员也适合这样的个性特质。

菲奥里纳从基层做到高层，成为美国电话电报公司的副总裁，指导卢森科技公司（Lucent Technologies）的资产分派和首次公开募股。1978年，她被《财富》杂志评为最有影响力的商界女性。后来，她转到惠普公司，在那里做了6年的总裁。在她任职期间，菲奥里纳解散技术设备部，成立成就非凡的安捷伦科技（Agilent Technologies）。尽管受到来自委员会成员的百般阻拦——其中包括公司创建者的儿子沃特·帕卡特（Walter Packard），她首创促成了与康柏电脑公司（Compaq）的大规模合并。这位中间小孩凭借行动果敢和应对逆境的能力，运用成长过程中学到的技能和策略，以接受和推动大胆变化而享誉商界。

过于急躁的危险

菲奥里纳作为变革斗士并非没有失败和争议。在一次尴尬的公开攻击中，她被剥夺了惠普总裁的职位，被康泰纳仕《人物选辑》（Condé Nast Portfolio）

列为"美国有史以来最差美国总裁"之一。大胆决定和推进变化可能价值巨大，也有可能具有毁灭性的危险。知道什么时候退步和重新思考，是至关重要的。

有一位中间小孩声名狼藉，在抓住机会时有些太过随意，他就是能源贸易公司安然公司（Enron）的前总裁杰弗里·斯基宁（Jeffrey Skilling）。他在无法控制局面时，没能刹住闸，现在还因诈骗蹲在联邦监狱。在安然，他创造了极端的冒险文化：在销售假日，他和销售团队会在包姚（Baja）开始疯狂的越野之旅，推行"什么都赶不上我们"的人生观。斯基宁家里有4个孩子，他是老二。无论是小时候，还是长大后，他都不算出众。他必须努力获得认可——他努力奋斗，最后获得了鲁莽玩家的名声。随着权力和银行账户的增长，为了获得更多关注，并在快速变化的世界中获得更多舒适感，他开始改变形象。他改善自我和冒险的需求掩盖了一个更加深刻的问题：从根本上缺乏自尊。

结果是毁灭性的。2001年，安然成为当时最大的破产公司。突然之间，2万人失去工作。

斯基宁不是典型的中间小孩，因为他对成功和刺激的需求太强烈了。这在某种程度上蒙蔽了他的判断力，使他失去了是非观。中间小孩的开放性通常会引发热忱，让他们在职场产生效益，而不是鲁莽行事，造成破坏。

关键因素#3：中间小孩拥有毅力和远见

一个收入不稳定的家里，在七个男孩中当中间小孩不是容易的。20世纪初，两岁的莱斯利·霍普（Leslie Hope）在英国伦敦，跟着做清洁工的妈妈。爸爸酗酒，偶尔当当石匠。后来，他们离开英格兰，穿过埃利斯岛（Ellis Island），一路来到美国俄亥俄州。可是，一到新家，霍普就面临了更多障碍。美国孩子嘲弄他，把他的名字倒过来念，叫他"没希望"（Hopelessly）。十几岁的他享受很多自由，经常惹麻烦，跟人打架。为了维持家里生计，他换了一份又一份工作——卖报纸、卖旧鞋、到叔叔的肉铺里打杂。他常常被辞退，也总能找到新工作。他的终极目标是成为一名伟大的喜剧演员。

1930年，在百代电影公司（Pathé），霍普的银幕首秀失败了。他被第一家制片公司开除了，原因是调侃他刚拍的一部电影。直到20世纪40年代，霍普（改名为更"亲切"的鲍勃）才一举成名。他度过艰苦的岁月，固执地追求演出事业的热情。虽然也有挫折，但他坚信自己能成为一名喜剧演员。他的认真和坚持当然得到了回报：在接下来的几十年里，鲍勃·霍普成为美国最著名、最受欢迎的巨星，主宰广播、电影和电视界。

但一切还没有结束。最后，霍普最为人熟知的事迹，可能是他支持美国部队，在"二战"、朝鲜战争、越南战争和波斯湾战争期间，他为美国联合服务工会（United Service Union）举办过60场巡回演出。说到他，战事记者约翰·斯坦贝克（John Steinbeck）写道："他做了那么多事，去过那么多地方，工作那么努力，影响那么大，简直不可思议。"鲍勃·霍普不仅毅力超群，还花费大量时间帮助需要帮助的人。他对世界的远见和回馈他人的愿望，根源于他在一个摇摇欲坠的家里做中间小孩的童年经历。

不想被埋没在人群中，最好的方式之一当然是成为演员。老大有时神经绷得太紧，太过勤奋，做不了演员或喜剧演员。老幺通常想找别人取乐，而不是娱乐别人。理查德·伯顿（Richard Burton）、莎拉·杰西卡·帕克（Sarah Jessica Parker）和詹妮弗·洛佩兹（Jennifer Lopez）等中间小孩都学会了运用人际交往技能——你想让他们成为谁，或需要他们成为谁，他们就能成为谁——在舞台上和镜头后，他们都获得了巨大的满足感和成就感。这里有一个惊人的事实：约翰尼·卡森（Johnny Carson）、大卫·莱特曼（David Letterman）、杰·雷诺（Jay Leno）、柯南·奥布莱恩（Conan O'Brien）和提姆·艾伦（Tim Allen）都是中间小孩。有人会想，老幺应该是家里的"小丑角色"，为观众表演，以寻求关注。可是，在表演行业，毫无疑问，毅力甚至比天赋更重要，中间小孩就表现得非常有动力。

他们会坚持到最后

没有毅力和远见，人就很容易过早放弃。职场的忍耐力对成功很关键，但知道什么时候放弃或改变计划也很关键。"尽管毅力和坚持是宝贵的创业特质，但也要有灵活性和学习欲。"1999年《哈佛商业评论》(*Harvard Business Review*)的一篇文章陈述道。这就是远见的出现。由于中间小孩能看到大局，比其他出生顺序更重视概念和抽象想法，因此更知道什么时候坚持，什么时候叫停。

中间小孩唐纳德·特朗普坚持了工作目标，并正确地看待日常生活。"我很忙，"他解释道，"可我每天早晚都会留出安静的时间，让我能在平静中前进。"他说，这有助于保持独立，屏蔽来自计划不同的其他人的噪声。作为中间小孩，特朗普很早就明白，他不仅要努力工作，还要保持自主性和远见性。广告主管和秘书等职位也需要这类优点。

根据Careerbuilder.com的调研，中间小孩显示，他们比其他出生顺序都满意现在的职位。对我而言，这表明他们有能力度过艰难时期，等待机遇的光芒绽放。他们善于发现成功道路上的快乐与意义，而不仅在乎成功本身。

但中间小孩可能忽视细节

有时候，中间小孩看大局、不看细节的倾向意味着，现今的真实问题可能会被放在次要位置——如保持收支平衡，找出小错误，切实面对要紧事。可是，雇主喜欢奖励能预见未来，能抓住抽象目标、长期目标的员工。

中间小孩不是最关心细节的人。他们更擅长统管大局、思考策略和抛出抽象想法或概念，而不擅长关注细枝末节。社交性使他们与同事互动过多，降低了效率。

Elissa是三个孩子（两男一女）中的中间小孩，也是佛罗里达州的一年级教师。她最喜欢教学的一点，就是可以弄清怎么和孩子交流。那是她要解开的谜语。如果她成功了，就是世界上最满意的体验。可是，她小时候总是痛恨细节——她经常因为细节和妈妈吵架，比如她打扫房间不彻底，没挂晒衣服，没把桌子擦干净。她当时不知道到底为什么。长大后，她经常晚交班里的成绩单。她几乎从未及时填写过工作满意度调查表。校长快被她气疯了。他看得出来，Elissa大多数时间工作都不错——甚至当孩子抛出很大的挑战时，她也知道如何与孩子交流——可是，她却不注意日常工作，真是让人头痛。

想克服这些问题比较简单。认识到组织化或细节关注是弱项，就走出了第一步。然后，中间小孩需要利用列表和日历，帮助自己制订计划和重点。学会分配给喜欢细节工作的同事，也是个好策略，并且还能发挥中间小孩的长处：团队协作。

关键因素#4：中间小孩会考虑别人的感受

现在的职场经理人抱怨，年轻人通常不把自己看作团队的一部分。这会导致沟通困难，伤害自己，也伤害别人。就像儿童心理学家梅尔·列文（Mel Levine）在《不管准备好了没，这就是生活》（*Ready or Not, Here Life Comes*）中解释的那样，在今后的生活中，稳固的人际交往技能是成功处理关系的关键——例如，在驾驭办公室政治或维持恋爱关系时。

我们准确表达想法的能力、说服他人的能力、巩固关系的能力和行动讲策略的能力，都是我们小时候与朋辈（亲友）和成年人（父母、老师、导师）交流的结果。由于家中发生的夺权事件，中间小孩提前将自己视为外部世界的一部分。他们通常不会幻想妄为的特权，因而有助于形成人际交往技能，并用于职场。

中间小孩喜欢扮演传播者的角色，所以，他们长大后性格温和，喜欢社交。因为他们会考虑别人的感受，所以他们真心喜欢，并善于做中间人。社交要求较少的职业，如电脑程序员、调音员和会计师，对重视交际的中间小孩而言，可能是个挑战。

20世纪90年代中期，一项药学领域的研究表明，中间小孩如何感知自我，以及这种感知在他们选择工作时扮演的角色。研究关注了100位制药学学生，询问了他们的倾听技能/移情技能等11个问题和自信倾向/进取倾向等11个问题。研究目的是弄清谁想成为药剂师及原因，并运用这一信息，找到更适合该职位的个人。

不用说，人们认为，药剂师要关注细节、有控制力、比较孤立。过去，他们不用跟顾客打交道。最近，他们的角色却发生了转变，由只管负责抓药、不用交流的职位，变得要以病人为中心。咨询和训练也变得更加关键。过去的研究显示，进入药学院的学生大多不太热情，性格内向——主要是受高薪驱动。

这项新研究的结果，被出生顺序区分开。学生中，中间小孩比老大少得多。一般而言，后出生的孩子，尤其是中间小孩比老大更喜欢移情和交流。他们远离药学研究，以防人际交往技能和处事灵活技能派不上好用场。

外交官、调停人、秘书、服务员和其他服务行业之间，有什么共同点？这些工作都需要丰富的人际交往技能。中间小孩有一项秘密力量，有时候没有被充分认识，那就是——面对威胁他人的恶劣条件，他们善于建立联系。他们会以别人为中心，自然就善于倾听、思考、促成共识，继而推动发展。

一位优秀的秘书要时常理解诉求和实际需求。服务员要有耐心和耐力，无论身体多疲惫，都要乐意与人交流。同样，如果不能倾听顾客诉求，不能理解顾客实际需求和当前资源，不能持续有效地满足顾客需求，商业领袖也就无法带领公司发展。

不到20岁时，迈克尔·戴尔银行里只有1000美元——但他一看到机遇，就双手抓住了。他不是告诉顾客，死板的选项菜单能做什么，而是倾听顾客实际需求，并满足顾客需求，直接去掉了中间商。"倾听的主题对我们来说至关重要。"他说。

现在听起来，这可能也不超前，可当时却很新鲜。连续8年，戴尔的新公司每年增长80%。随后又连续6年，每年增长60%。这样显著的增长，直接原因就是预测用户需求，倾听用户反馈，并愿意快速适应，满足用户切实需求。

太喜欢移情的危险

玛丽·简（Mary Jane）是位优秀的急诊室护士。无论多晚，她都对新来的病人精神饱满。其他护士都依赖她的温和与耐心。在病人、恐惧的患者和处理事务的医生之间，她是中间人。她知道，她是保持急诊工作顺利进行的重要一环。安静时，她与同事相处融洽。忙碌时，她做事非常有效率。

她的导师是一位年长些的女士，名叫汉娜（Hannah）。玛丽·简在医院工作大约5年时，汉娜退休了，玛丽·简成为护士长，每天要看着几十名护士和成百上千的患者。回到家里，她与伴侣和孩子一起庆祝。这次升迁让她很兴奋，她也期待承担更多责任。她感觉，这是她努力换来的。

可是，一年后，她意识到，工作上的事不那么顺利了。最近，上夜班时，气氛总是让人发狂。她以前总是感觉自控能力很强，可现在，什么都乱了。尤其是一位叫杰米（Jamie）的护士，总是不完成分配给他的工作。其他人都在抱怨。玛丽·简知道问题很严重，可是，她又没法开除他。她跟他聊过很多次，甚至试过为他弥补过错。最终，她明白了，她这是在威胁患者的安全。她叫他来办公室，告诫他许多次，可是却没用。她回到家里，感到很挫败。她真的感受到了压力。接下来的几个月，她都丧失了工作乐趣，一直到她去看理疗师。作为护士长，她完全失败了。

一开始，玛丽·简不明白，为什么谈到她的童年，理疗师非要谈那么多。

问题在工作上，不在她的童年！她曾经是个快乐的孩子，家里有两个女孩和两个男孩，她是个中间小孩。她10岁时，父母离婚了。不过，他们还是朋友，经常见面。她爸爸住的地方，只有几分钟的路程。可说到这里，她突然明白了：她太善良，太体谅别人了。这让她在执行纪律时很犹豫。等她做了高层管理，她就不愿像哥哥对三个弟弟妹妹那样，向别人施展权力。理疗师鼓励她，把自己当作授权人，告诉她当需要向别人施展权力时，她可以（a）运用社交和移情本性，展现善良，但要直接（b）记住，她其实是在帮别人克服缺点，而且（c）给人机会，找到更好的工作状态。

当中间小孩担任领导职位，他们可能试图照顾下属，并因此被压垮。虽然他们善于使意见不同的人们达成一致，可当他们成为决策者，也会变得优柔寡断，且过于担心他人的需求。也许，不知不觉中，他们就不断地把他人需求放在自身需求前面，造成严重的问题。此外，他们的需求没有得到满足，自己也会难受。如果他们认为，自己付出太多，收获不够，还有可能感到挫败或愤怒。

长远看来，还是找到适宜的方法比较好。如果中间小孩认可这一点，问题也就可以缓解了——首先，当自身考虑有助于工作或业务健康发展时，就要做出决断，看重自我利益。其次，要认识到，同事和老板都是有自我管理能力的。中间小孩不需要自己为别人的失望或需求负责。有时，为了营造一个愉悦的工作环境，每个人都要管好自己。

关键因素#5：中间小孩自我管理

我们再回到艾丽莎（Elissa）的例子上，说说佛罗里达那位没条理的教师。在她的一年级班里，有个小男孩让她抓狂。每天早上，他都拖拖沓沓，牛里牛气地报到。可到了下午，他就像打了激素一样精力旺盛，不能乖乖坐着听讲。春天的一个午后，她筋疲力尽地回到家，浑身是汗。她跟丈夫承认，那小男孩是她的克星。艾丽莎喜欢孩子，喜欢当老师。可是，想让他安静下来学习，真是个苦差事。她的工作态度也受到影响。其他老师开始说她好像"灰心"了。

艾丽莎成长在佛罗里达一个拥有三个孩子的家庭。她姐姐患有大脑麻痹，需要许多关注。弟弟是个万人迷，他的红头发和雀斑让他成为众人的最爱。有时候，艾丽莎觉得，家里只有她有耐心和毅力面对他们俩。父母为了维持生计，要辛苦工作，经常还要加夜班。十几岁的时候，艾丽莎经常照顾家里吃饭，照看姐姐弟弟睡觉。

她并不在意这些——其实，她很喜欢管事。她还设计了星星奖励表，如果姐姐弟弟表现好，就奖励他们。只要她对责任没了耐心，或感到要单独待着，她就提醒自己，她所做的都是很有帮助的。她要学会控制情绪，决心做个优秀的管家。她成为一名教师，实现了梦想。可现在，小男孩是在严重挑战她的极限。

不用说，如果你没有自控能力，每天的职场生活都会是个挑战。没有自我管理才能和组织化意识，每项工作任务都像是爬山。"为什么在组织中，情感因素很重要？"《美国管理学会展望》（*Academy of Management Perspectives*）通讯上一篇文章的作者问道，"情感因素重要是因为雇员不是'情感孤岛'。相反，他们把自身的一切带到工作中，包括他们的特质、心情和情绪，他们的情感经历和表达方式都影响着别人。"

在艾丽莎的例子中，她知道，即使男孩影响了她的情绪，她也要工作。她要控制自己，不在班里表现出挫败感。她花时间认识男孩对自己的影响，并决定应对，已经是在改善方法和观点上迈出了一大步。她为自己制定了一个日常规范，与丈夫乔恩（Jon）庆祝自己的小成功，而不是抱怨遇到的挑战。她还开始向有着多年特殊教育经验的校长寻求帮助。可以说，正是因为受到家庭环境的训练，这位中间小孩成为一名高效的自我管理者。

中间小孩勇敢面对挑战

个性特质通常可分解为"五大"因素，其中之一是尽责性。尽责性是指展现纪律性，忠于责任，善于规划。冲动控制是尽责性的关键因素。如果一个人对如下陈述反应积极，那么他就有较高的尽责性：我在工作中追求精准，或我马上做完家务事。同样，如果对如下陈述反应积极，那么他的相对尽责性就较低：我把事情弄得一团糟，或喜欢逃避责任。

想想我们对中间小孩的了解，他们在尽责性上是中间水平，这也许也没什么好吃惊的。他们不会像老大那样过于挑剔，过于讲条理，也不像老幺那样，经常靠摸索行事。要获得职场成功，很大部分要靠避免极端。同事侵犯你的利益时，你没有发怒；管理下属缺点时（或像艾丽莎那样管理学生），你没有失掉风度；负责大项目时，你没有沉溺于细节。如果你能做到这些，你就领先于人。

在家里，中间小孩是夹在中间的子女。因此，当处理职场支配和控制话题时，他们通常不会表现出傲慢。他们不会过于感情用事，不会动不动就发脾气，不会听到一点责备就反抗。这使中间小孩成为容易相处的同事和领导。他们擅长从事需要耐心和充当中间人的职业，例如家庭顾问、人力资源经理或美发师。

可是，让中间小孩说"不"却有困难

加尔文（Calvin）住在纽约市。他有一副惊人的高音嗓子，想成为一名歌剧演唱家。为了支付公寓租金，他和三位室友合租，并为大型宴会做配餐员。他热爱这份工作，已经做了将近十年。这份工作薪水高，有发展，他还可以见到许多有趣的人。

加尔文在工作中遇到的最大问题是加班。他真的想休息一段时间，陪陪女朋友。她经常抱怨他太忙了。可是，每当其他服务员请病假，经理问他能不能代班时，加尔文总是同意。他只是不想让任何人有麻烦。在一个拥有4个孩子的家庭中，他是第二个儿子，总是习惯帮助别人摆脱困境。可现在，这样的习惯表现得太明显了。

126

中间小孩喜欢取悦别人。他们很难说"不"。有时候，只有核心圈子的人施压——家庭成员或伴侣——他们才会对职场的同事或上级说"不"。他们习惯了在等级结构中服从别人。他们是不爱抱怨的行动者，并以这个称号自豪。

我曾参加过一次大学会议，弗兰克·萨洛韦问屋里的教授，有多少人是老大。几乎所有人都举手了。有多少人是中间小孩？我看见有一两个举手的。老幺有几个？又有几个人举手了。在老大控制的教员会上，可能非常热闹。每个人都有想法，每个人都想表达出来。老大更喜欢做高声发言，立即表露情绪。他们不怕为自身利益而战。老幺习惯了受关注，也不怕大声表达。

这种会议可能吵吵闹闹，不会很快结束，通常最后陷入僵局。但是，如果屋里有中间小孩，气氛会缓和一些。他们为辩论带来平衡，通常会贡献解决方案。可是，中间小孩不愿意颠覆现状，因此遇到这种情况，要保护自己不受欺负。面对傲慢的老大，或被宠坏的老幺，如果保持沉默，就无法施展中间小孩的能力，为人们找出解决方案。

中间小孩要学会面对冲突

尽管在美国劳工部（Department of Labor）指导意见中，没有把解决冲突作为员工就业能力的重要内容，但是，在高压状态或冲突环境中有效沟通，确是大多数人日常生活中必需的技能。因为中间小孩具备优秀的谈判技能和较高的自我意识，他们通常能巧妙处理冲突。可有时候，他们的处理方式，确实简单地避免冲突。

不可能避免一切冲突。成功的关键是，如何解决冲突。1981年，一份研究沟通策略的论文强调了人们在经历冲突时，用到的3个基本策略。人们可能用到以下策略之一：

· 转换话题或否认问题（回避）

· 挑剔或责怪别人（竞争）

·促成双赢的目标（合作）

中间小孩自然倾向于否认问题（回避），因为他们喜欢与别人相处融洽。这也是他们对自身的界定。他们极不可能挑剔或责备别人，因为他们非常有自我意识。不过，他们也擅长推动双赢结果（合作），因为他们有亲和性。

因此，中间小孩需要加快脚步，深呼吸，在面对职场问题时，拿出小时候在家用的策略和技巧。作为一名优秀的自我管理者，一部分要求就是知道什么时候面对困难，什么时候发表观点，什么时候保持沉默。甚至是，不管朋友、同事或老板怎么想，要知道什么时候坚持立场。

表二　中间小孩的个性特质在职场中的表现

中间小孩的个性特质	优点	缺点
亲和性	优秀的团队成员 与他人相处融洽 容易达成一致意见	不会说"不" 避免冲突
社交性	喜欢与他人合作 善于团队协作	不一定有效率 由于工作环境，可能感到受孤立
移情性	在乎他人的想法 有助于形成舒适的工作环境	不会说"不" 高层管理时，感到压力很大（例如，辞退员工时）
适度的尽责性	有责任心，但不过于直白 有效完成工作 不会失去大局观	在工作中不一定能坚持己见
开放性	愿意倾听	有时不切实际
低支配性	有创造性 乐于学习和成长 被视为团队一部分（即使是老板）	不一定选对方向 执行层级制度的能力不强

表三　中间小孩职场挑战的应对方法

问题	方法
避免冲突	记住你是优秀的谈判家，可以帮助别人解决冲突
不会说"不"	在支持某件事前，先考虑成本和收益
憎恶层级制度	记住：老板不是你的哥哥或姐姐 把问题讲清楚 采取老幺的策略：找上级解决
过于喜欢移情 （难以辞退员工或纠正他人错误）	把这当作他们认识自我的机会
不专注细节或效率不够高	考虑大局 学会授权——分配时间 戴耳机工作或关门工作 与关注细节的同事合作共事

展望未来

我们在本书第一部分探讨过，中间小孩倾向于反对权威，喜欢打破常规思考。他们愿意冒险（在理性范围内）。他们面对问题时，表现出真正的灵活性。他们通常非常好相处，甚至为人谦逊。他们善于促使人们达成共识。因为他们处于特殊的位置——跟随哥姐的步伐，同时又为弟妹做榜样——他们发展了人际关系，形成优秀的人际交往能力。

那么，这对他们与特定工作的匹配度，又有什么特殊意义呢？

表四　适合中间小孩的最佳工作

中间小孩倾向	最佳工作匹配
科学/数学：研究工作	家庭医生 私人调查员 教师 医药师
语言/艺术/音乐/戏剧：艺术工作	戏剧指导 编辑 摄影师 演员/喜剧演员 广告从业者
人文/人际关系：社交类工作	社会工作者 护士 法律从业者 服务人员 销售人员 社区活动者 人力资源/人力经理 外交官 助理/秘书 企业家 美容美发师 调停者
冒险/开拓：体育运动和户外工作	竞技运动员 公园管理员 博物馆管理者 消防员 飞行员

当你想追求一份满意的职业，或想帮助你的中间小孩找到职场位置时，要记住，我们的世界变化很快。YouTube和Twitter只出现了不过几年。想象一下，在未来的几十年中，我们将面临什么样的新工作、新生活方式和新挑战。就以

纳米技术为例。1997年至2005年，纳米技术研究投资和全世界政府开发增长了100倍，增长到40多亿美元。根据自然出版集团（Nature Publishing Group）的信息，到2015年，约有800万人从事与纳米技术相关的领域。它影响了我们生活的方方面面，从医药到交通，再到农业。可是，十多年前，我们大多数人甚至没想象过，这个新领域能为全球职场带来什么机会。

我们的社会要适应新发现和未知领域，而且这种需求是持续不断的。因此，与严重依赖反复考验的其他出生顺序相比，中间小孩优势明显，势不可挡。中间小孩的特质能支持他们的愿望，找到职业、实现事业目标，或者找到满足需求、符合个性的日常工作，并享受工作的快乐。"想象力比知识更重要。知识是有限的，"艾伯特·爱因斯坦（Albert Einstein）说，"想象力却可以环游世界。"而中间小孩拥有习得策略，拥有想象力、灵活性和精力，能将多样化的职场环境变为实现个人发展和满足感的沃土。

将中间小孩放在职场

1.出生顺序也会影响职场

工作动态通常会反映家庭动态，产生一种出生顺序涟漪效应。中间小孩不能让童年时期的消极动态影响工作状态。

2.中间小孩倾向于按兴趣行事

在满足特定职业期待上，中间小孩比老大压力小。因而，在根据个性和愿望选择工作时，他们拥有更大的自由。

3.可是，中间小孩喜欢当团队的一部分

中间小孩一定会视自己为外部世界的一部分，喜欢可以与他人打交道的工作。

4.自私是可以的

中间小孩应该多考虑自身利益。有时候，他们要先考虑自身需求，再考虑他人需求。当中间小孩在自我牺牲和慷慨之间划清界限，懂得顾及自身需求的重要性时，他们会发现经常说"不"就容易多了。

5.但不可以无视权威

如果中间小孩能不为权威恼怒，他们成功驾驭办公室政治的可能性将大大提高。

6.组织化有助于中间小孩取得成功

要认识到，在职场，关注细节至关重要。中间小孩要运用组织工具（日历、计划列表、短期目标），帮助自己更有效地关注业务上或来自同事的迫切需求。

第七章 中间小孩做朋友或爱人

在私下里，他们称呼对方内蒂（Nattie）和古吉（Googie）。在公开场合，他们以喜剧效果和"攻击效应"而闻名。几十年来，无论在镜头前，还是在广播上，他们都在调侃家庭生活，无忧无虑地争吵。他是内森·伯恩鲍姆（Nathan Birnbaum），一个东正教犹太人的儿子，由东欧来到布鲁克林区。她是格蕾丝·艾伦（Grace Allen），一个天主教爱尔兰女孩，在旧金山长大。他们结婚27年。大约30年前，古吉在1964年死后，丈夫写了一本书《格蕾丝：一个爱情故事》。

无论怎么说，他们的爱情故事都很长。甚至到了90岁，喜剧演员乔治·伯恩斯（George Burns）还跟葬在好莱坞森林草原公墓（Hollywood's Forest Lawn Cemetery）的妻子大声讲话。他来到妻子的大理石坟墓旁踱步，抽着雪茄，烟气弥漫，询问妻子的建议。

伯恩斯家里一共12个孩子。伯恩斯6岁时，父亲死于流感。在这个大家庭中，作为众多中间小孩之一，他习惯了照顾自己，很早就开始用想象力和精力赚钱。他爱上艾伦时，她已经和别人订婚了——但伯恩斯被迷得神魂颠倒，得不到答复誓不罢休。

婚后许多年来，他们都并肩工作，不仅是成功的商业伙伴，也是亲密的婚姻伴侣。"我负责出谋划策，其他就全靠格蕾丝了，尤其是对我而言。"伯恩斯曾这样说过。据说，妻子死后，他一直睡不着。最后，他躺在妻子临终前几个月躺的床上，才睡着了。尽管乔治·伯恩斯有些错误（他当然会犯些错误），但他做事专注，为人慷慨。在1978年6月的一次采访中，亚瑟·库珀（Arthur Cooper）写道："说实话，伯恩斯真的属于最文雅善良的一类人。即使被人攻击了，他也不会对任何人恶语相加。如果他有任何敌人，也成功地克制住了。"

这些特质帮助他叙写了一部缠绵悠长的爱情故事。"从长远来看，没人能天天过情人节，"伯恩斯的传记作者马丁·戈特弗里德（Martin Gottfried）说，"但在现实生活中，我认为，没有谁的婚姻能比乔治和格蕾丝的婚姻更美好。"

中间小孩：起黏合作用，却喜欢顺从

想维持亲密朋友关系或婚姻幸福，都不是容易的事。可是，中间小孩却在这两方面都表现出众。是什么让他们成为优秀的朋友和爱人？我的研究指出了他们三个重要性格特征：

1.对新生家庭的奉献精神

2.亲和性

3.经验开放性

听说过橡胶棒吗？一种强效黏合剂。可是，如果你不小心转动了胶棒，可能让黏合的物体扯开。从许多方面来说，中间小孩在人际关系中都像橡胶棒一样：他们对伴侣和朋友有忠诚心和奉献精神。因此，他们很亲近，可是，如果环境需要，他们也会灵活地转变。

中间小孩在家时，夹在兄弟姐妹中间，培养了自己的能力，靠智慧得到想要的东西——而不是像老大那样靠声音响亮，或像老幺那样会装可爱。他们成为优秀的倾听者，学会灵活和忍耐，以此抓住朋友的心。乔治·伯恩斯的忠诚是出了名的：对他抽的雪茄牌子，对朋友，对妻子。是的，他会拿艾伦和自己开玩笑。可是，他坚持忠诚于她，处处给她信心。"40年来，我的表演都由一个玩笑组成，"他喜欢这样说，"然后，她去世了。"

中间小孩长大独立后，会从小时候学到的技能中受益。这有助于他们无论处理精神恋爱，还是肉体恋爱时，都比其他出生顺序的孩子更顺手。中间小孩通常被认为不爱出风头，但当涉及人际关系时，他们也有强烈的感情和期待。他们受一种深刻的价值体系指导，在做朋友和爱人时，会为自己设定高标准。

自然，每个优点背后都有缺点。有些情况下，中间小孩无法与父母维持亲密关系。他们可能形成坏习惯，比如过于谦虚或闲散。他们经常很容易被利用。而且，他们比别人更容易受到来自朋辈压力的侵害。在这里，我们要仔细研究让中间小孩在友谊和爱情上成功的特质，弄清他们应该避免的潜在陷阱。如果你自己不是中间小孩，但恋爱对象是位中间小孩，你就能更加深刻地理解，作为他们的伴侣，他们想从你身上得到什么。

中间小孩喜欢奉献

他们不是一见钟情。苏茜和内德是多年的邻家伙伴，早上一起到车站等校车。高中最后一年，他们分别和各自的对象分手，看对方的眼神突然变了。他们开始约会。虽然苏茜去了加州上大学，内德留在马里兰州，但他们毕业没几年就结婚了。苏茜是个中间小孩，内德是两个儿子中的老大。

苏茜身材娇小，皮肤较暗，算不上爱说话的活泼女孩。但是，她浑身散发着一种镇静和克制，让人放松。她从不缺帮忙的朋友。在中学和大学，她都是多个社团的积极分子。相处七年后，她和内德相信都找到了终身伴侣。他们决定这么年轻结婚，却都没有犹豫。

两人结婚将近十年了，夫妻俩都承认，内德喜欢制定规则。一旦发生意外事件，他就喜欢大发雷霆。苏茜比较亲和，支持丈夫的做事方式，但不会一味满足他的所有要求。不过，他俩有一起经营家庭的感觉，是因为在应对不可避免的障碍时，苏茜很有一套。"我有时会失去理智，但她从来不会让我觉得，我那样的反应很蠢，"内德解释说，"由于她的敏感，每当我们克服障碍，我都会感觉与她更亲近一些。"

他们第二个女儿出生前不久，内德失去了广告公司的客户经理工作。没过几个月，他就对未来灰心丧气，也不找工作了，开始什么也不做，在家里惹气。苏茜休完产假后，每天做完法律助理的工作回到家，就看见丈夫四肢大张地躺在沙发上看电视。内德也很痛苦，经常抱怨。虽然因为两个小女儿的缘故，两人还想在一起，可他和妻子已经到了离婚的边缘。内德认为，他们能迈过这道坎，是因为哪怕在艰难时期，苏茜也很珍惜两人的夫妻关系。"哪怕当我完全不可理喻的时候，她也能全心全意地管好里里外外，那么有包容心。"他说，"这才挽救了我们的婚姻。从一开始，从我们小时候开始，她就是这样。所以我才娶了她。"

我们从苏茜和内德的例子中看到，奉献和忠诚对建立并维系亲密感至关重要。哪怕意见不合，能够表现出体谅之心，是中间小孩与朋友、爱人维持亲密联系的重要因素。面对丈夫的失业创伤与沮丧，以及接连而来的情绪突变，苏茜都表现得愿意应对亲密关系的起起伏伏，让她度过了与丈夫的艰难时期。几乎花了一年，从马里兰州到华盛顿州的一次国内搬迁后，他们才再次找到落脚处。但是，他们的关系总算重新建立起来了。苏茜解释说："我强烈地感觉到，我们是一起的两个人。只要情况变糟时，我都要提醒他这一点。"他们在西雅图定居下来，内德在一家网络广告代理商那里找到了新工作。从此以后，他们觉得夫妻俩的关系更近了，也更善于应对未来出现的任何问题了。如果苏茜不是一个爱奉献的伴侣，那这位中间小孩在面对愤怒和失望的自我感受时，就会更容易动摇，而不会给丈夫所需的时间和空间，等他回到正轨上来。

中间小孩会被新生家庭吸引

中间小孩是非常喜欢社交的人。他们比老大的人际交往技能更优秀。老大会强迫朋友按自己的意识行事，就跟在家时，他们利用年龄和体格优势，压迫弟弟妹妹一样。而老幺跟独生子女一样，受到更多溺爱，所以不听话。

中间小孩会被新生家庭（他们的朋友和爱人）吸引——因为，他们不用根据传统的家庭结构，跟朋友和爱人争夺关注。相反，他们觉得可以打开心扉，放松心情，不用担心要保护自身地位，或为地位而战。于是，他们会非常重视这两种关系，并表现出强烈的奉献精神。对朋友来说，这就意味着经常打电话，经常见面，身、心两方面都能到位。对爱人来说，这就意味着处理事情平和，始终如一，通过展现责任感，建立安全感。中间小孩擅长这一点：从他们一如既往的用心上，就能看出他们对新生家庭的热爱。

最近，我做了一项有关出生顺序和人际关系的研究。研究中，中间小孩回答以下问题的得分最高：能够互相谈论要紧事、做事讨朋友欢心、借东西给朋友。在"我和朋友可以彼此信任，遵守承诺"和"争论过后，我会尽快讲和"等陈述上，中间小孩比老大和老幺评分都高。另一项研究表明，当中间小孩付出时间、关注或爱意时，不会变得垂头丧气。挪威研究者询问参与者在圣诞假期收发礼物的现金价值。结果显示，与老大和老幺相比，中间小孩更有可能送朋友贵重礼物。这表明，他们愿意公开表达对友谊的重视。他们不断地付出和奉献，至少是对待朋友的问题时。

爱新生家庭胜过原生家庭的后果

但是，中间小孩对朋友和新生家庭的奉献，不一定会延伸到原生家庭。

有趣的是，苏茜与内德较劲的那年，也很少给她母亲打电话。"我从没感觉跟父母那样亲近，但我很依赖朋友。"她解释说。这在中间小孩中很常见。虽然他们不会因为小时候父母的忽视而记恨，但他们长大后，也不会感觉跟父母特别亲近。中间小孩感觉，他们没从父母那里获得很多关注，所以，反过来，他们也不会给父母很多关注。

你可能会说，中间小孩与朋辈的亲近其实表明了他们的智慧——而不是说，他们对童年不满——毫无疑问，在对中间小孩付出时间和关注上，他们的原生家庭态度冷漠。在2003年的一项研究中，我让参与者对如下陈述评分：一个人应该乐于为家庭牺牲一切；需要帮忙的亲人是个麻烦；我们不应该为别人的不幸而苦恼。答案显示，无论与老大，还是与老幺相比，中间小孩对家庭的态度都非常不积极。他们对朋友的承诺与责任，比对原生家庭表现出更高的忠诚度。

所以，我们看到，中间小孩更多地把原生家庭看成一种责任，而不是一种精神安慰，至少在大学生群体中是这样。这可能会造成严重的风寒效应。

苏茜的丈夫意识到，他们的夫妻不和影响着妻子与父母的关系。周末通话和拜访更少了。直到他们收拾东西搬家时，夫妻俩都将近4个月没见她父母了。"她花了许多时间和精力在我身上，就没时间管父母了，"他说，"她父母也很难过，我看得出来。"

家庭与朋友，不一定要两者选一

通常，中间小孩不是故意不亲近原生家庭，表达消极情绪的。相反，他们厌恶与家中权威（指父母）保持亲密关系，是无心的疏漏。一旦成年的中间小孩意识到，他们忽略或减少了家庭交流，误解或感情伤害就很容易避免了。几个电话、一封感谢信，或中间小孩与父母亲近的一次努力，都将大大避免不必要的误解。

一个周末的早晨，内德端给苏茜一杯咖啡，提醒她很久没给母亲打电话了。一开始，苏茜比较抵触，坚持说她只是没工夫去过多考虑父母。而且，她刚开始一份新工作。谁还指望什么？两个小孩还在熟睡，苏茜和内德在厨房畅谈了将近一个小时。她意识到，他其实是对的。她上次跟妈妈说话，已经是一个多月前的事了。她完全忘了，妈妈的60岁生日快到了。从那以后，苏茜开始每周日下午给家里打电话，计划让父母坐飞机到西部，跟他们共度复活节假期。她不再是偶尔与父母交流，而是主动努力联系，次数更频繁了，也更持续了。

好消息是，随着中间小孩长大，拥有自己的家人，他们对童年的家庭交流有了不同的看法，开始更加亲近家人。事实上，许多成年中间小孩说，他们不讨厌成长中的出生位置，因为他们拥有更多自由，认清真实的自我。哥哥姐姐要面对更多的亲代责任和期待，家里最小的孩子则被宠坏了。中间小孩长大后，通常会认识到，出生顺序让他们成了坚强独立的成年人。"在家里，我从没觉得自己有多重要。因此，我现在才这么独立，"苏茜承认，"从某种程度上说，也正是这个原因，我才会在需要的时候，有那么多好朋友支持我。"

耐人寻味的是，许多中间小孩其实觉得与兄弟姐妹更亲近，很重视这种同辈关系。比如苏茜，虽然在处理夫妻困境时，她与父母越来越疏远。但她经常给在纽约市当律师的妹妹吉尔打电话，获得精神支持。她们十几岁时，不经常在一起。但各自有了孩子以后，她们更亲近了。

随着中间小孩日渐成熟，他们会越来越多地从朋辈以外的前辈那里学习智慧与看法，并从与父母维持更加亲切的关系中受益。中间小孩的父母要记住，中间小孩的独立——也许还有情感疏远——不一定是因为是对父母缺乏爱。如果父母对表面上的忽视不过于敏感，与成年子女的关系就可能不那么紧张，无论子女是不是亲密。

中间小孩有亲和力

20世纪70年代，研究人员走进加州里弗赛德的教室，单独询问了1700个小学生类似以下的问题：假设你休息时组队玩球，你最想跟班里的谁一队？尽管研究人员其实是从种族的角度研究朋辈受欢迎度，但结果显示，在朋辈中，后出生的孩子比老大受欢迎得多。

虽然研究显示，老幺和中间小孩一样喜欢社交，但老幺通常期望按照事情自己的逻辑发展，而中间小孩更擅长维持"付出—收获型"的友谊。这也是他们在朋辈接纳度上得分较高的一个原因。朋辈接纳度是个人在社交中，如何处理儿童或青少年朋辈关系中质量与数量关系的衡量指标。有些研究表明，中间小孩不仅在班里更受欢迎，而且一生都比其他出生顺序的孩子朋友更多，也是这个原因。很显然，中间小孩的个性让他们做朋友和伴侣时，都非常有魅力。

　　中间小孩受欢迎的一个主要原因是，他们尊重别人的观点和意愿。从他们亲和的本性上，就能看出来。中间小孩更喜欢亲切胜过好战，喜欢倾听胜过倾诉，喜欢妥协胜过强加自己的意志。这种亲和性源于他们在家里做中间小孩时形成的敏感性。中间小孩是敏锐的观察者：虽然他们比老大承担的责任少，比老幺受到的关注少，但他们擅长评估和确认别人的观点。

　　我们只要随机看几个中间小孩名人，就会发现，他们拥有让别人感到被倾听的能力，并通常以此著称。亚伯拉罕·林肯乐于长时间倾听拜访白宫的普通市民，并以此闻名。中间小孩茱莉亚·罗伯茨以善待同事称誉。鲍勃·霍普不仅69年的妻子都是一个人，据说还处处表现忠诚与善良。罗伯特·肯尼迪（肯尼迪大家庭的另一位中间小孩）不仅做事认真，而且风度优雅，精力旺盛。他鼓舞了一个破碎的国家，让人感觉，即使在那样的困难时期，也没有什么不可能——他哥哥被刺杀后，他进入美国公众的视线，原因之一也在于此。

　　年轻女士克里斯汀完美诠释了中间小孩的亲和性，以及亲和性对社交能力的影响。克里斯汀家里有4个孩子，她是老三，有两个姐姐和一个弟弟。她身材高挑苗条，留着黑色短发，擅长打网球，喜欢棋盘游戏。她成长于佛罗里达州中部的一个小镇上，那里人们彼此熟识。小时候，她经常像保姆一样，为邻居照顾孩子。长大后，她成为一名幼儿教师。虽然她有点害羞，但交友很顺利。哪怕自己有困难，她也愿意竭力帮助朋友。

　　她经常扮演调停人的角色——无论是在她小时候经常吵架的父母间（孩子

们搬出家后，他们最终离婚了），还是朋友和同事间。大学毕业后，克里斯汀搬到一个滨海大城市，开始当五年级教师。有些周末，她花几个小时安慰与伙伴吵架的朋友，并建议她怎样解决事情。她在经济很少与人争吵。她喜欢把自己当成解决问题和善于倾听的人。事实上，这描绘了她的自我形象。她为他人付出，并从中获得巨大的个人满足感。

跟大多数中间小孩一样，克里斯汀倾向于为别人考虑，与别人合作，而不是怀疑或反对别人。在多项调研中——大多以自述和朋辈叙述为衡量标准——中间小孩一致表明，他们拥有较高的移情能力。中间小孩成为有魅力的朋友和爱人，亲和性起到重要作用。因为，我们的天性就是接近让我们"感到舒服"的人。

与失业广告经理内德结婚的苏茜，很早的时候就学会了熟练驾驭人际关系：在家里，她夹在中间，上面是健壮外向的哥哥——足球队的明星四分卫——下面是可爱的小妹妹。长大后，她学着适应环境，待人亲和。在婚姻进入极端危险期时，她也能面对逆境。内德被她吸引，是因为她弥补了他的本性：她喜欢社交，为人乐观，而他喜欢自我，做事谨慎。

当教师的克里斯汀说，当朋友不开心时，就会来找她，"他们走的时候，会感觉好些。不管怎样，我让他们又好了"。如果某人消极，爱抱怨，不爱配合，我们就不愿与他们相处，不愿与他们熟悉，不愿让自己受到伤害。相反，中间小孩善于调和他们的新生家庭，让家人感到受重视。

可是，克里斯汀承认，她有时也会问自己：我得到的，跟我付出的一样多吗？

有亲和力与好欺负的区别

如果你本性过于亲和，就容易不惜一切代价换取和平。所以，中间小孩喜欢逃避冲突。中间小孩拥有出色的谈判技巧，因而常常避免大事发生。相反，当卷入争论时，他们会运用技巧和谋略解决，尤其是为别人当调停人时。可是，面对个人生活时，他们常常喜欢完全避免争论，有时会隐藏自己的忧虑和意愿。此外，他们发现，拒绝朋友是非常困难的事。

还要用到克里斯汀的例子。虽然她感觉别人很喜欢她，但她有时会觉得，她的人际关系中有一种不平衡，这是她自己的行为在不经意间造成的。每周，她至少会组织一次与朋友的外出活动（保龄球、看电影、双打比赛，或在临水餐厅吃饭），可是，她常常希望别人出来管事。她把别人的需求放在自身需求前面，这当然会成就一个出色的朋友——从她朋友的角度来看。克里斯汀承认，在给最好的朋友打电话，谈论她的烦心事前，她是有过犹豫的，因为她"不想成为负担"。问题是，那些更在乎自我的朋友有时会利用她：他们不停地要好处，却不怎么回报。克里斯汀发现很难断绝这些联系。

她还陷入一种模式，有过几段恋爱关系，没过几年后就会结束。她小时候，就梦想结婚后，生五六个孩子。可是，即便她已经非常随和了，她的恋爱关系也从未发展到托付终身的程度。她给男朋友许多自由，所以，这不是问题所在。她也从没期待，男朋友为她改变生活状态。但是，虽然她为恋爱费心费神，却不求回报。对许多恋人而言，不平衡渐渐破坏了本来可以更加平等稳固的伴侣关系。

1982年，有一项关于高中男生的研究很有意义。研究表明，中间小孩没有老大或老幺自尊心强，所以，他们在需要支持时，也不太可能向朋友和爱人要求。中间小孩不喜欢把关系弄混。他们通常不愿意提要求是因为——不知道伴侣对他们有多重视——他们害怕关系受到威胁。下一章是讲"中间小孩做孩子"的内容，我们会看到，朋辈压力是中间小孩的一个考虑因素，因为他们会受到身边人的观点和行为过多影响。

敏感的伴侣是中间小孩幸福的关键

克里斯汀现在35岁了。随着她年龄越大，事业成就越大，她开始信心增强，并意识到，有些人际关系其实是在伤害她。二十几岁，在意识到自己喜欢教高中前，她是一名五年级教师。她在一所市区公立高中做了四年的英语系主任后，成为一所小型私立学校的副校长。克里斯汀找到了职业重心，并结合自身技能和热情，使她更清晰地看待自己的一生——她积极培养的人际关系，和她一直忍受的人际关系。"我不是个人人都能欺负的人了，"她说，"我想，这一定会让我的人际关系更加健康。我猜想，我在学着拒绝。"久而久之，她能明确表达自身意愿，能在重要的事上坚持立场，并越来越能轻松应对。这样，她也能从朋友和伴侣那里获得更多平等。

中间小孩做爱人和朋友时，真正受到高度赞扬。因此，他们过于谦让的倾向，也成为相对易于克服的障碍了。最近一项研究，调查了来自一所市区中学的男女中间小孩。研究发现，拥有同性兄弟姐妹的中间小孩，自尊心较弱。是家里独生子女的中间小孩，自尊心较强。如果你所属的性别只有你一个孩子，你会觉得自己更独特。由此得出结论，为了拥有良好的自我形象，中间小孩要感觉到，自己是个受爱护的个人。他们在人际关系中，可能比其他出生顺序需要更多关注——即使他们不提出要求。中间小孩喜欢多得到伴侣的关爱和支持。如果他们得不到，就会开始被无端疑惑所困扰。

我们来说说艾米和约翰的例子。他们结婚18年了。两人45岁了，有两个孩子：儿子秋天上大学了，女儿在上高三。约翰是一位高中指导老师，艾米开了几家美发沙龙小型连锁店。两人工作都很成功。不过，艾米对家里的经济贡献更大。

艾米是个老大，经常为了工作参加行业展览和小企业研讨会。约翰是三个男孩中的中间小孩。有时，他为妻子经常外出发愁。她一头浓密的金发，泛着金光，吸引了不少眼球。她漂亮，外向，有活力。他敢肯定，她会吸引其他男人的目光。他俩第一次见面时，她正打算干一番事业。现在，她事业繁荣，孩子也快长大了，约翰有时想，她不那么需要他了。他知道，他的薪水只涨了一点。他担心，自己在工作上没有妻子有起色。有时，他会问自己，她是不是还对自己感兴趣。

艾米不是每次都能察觉丈夫的不快。但只要她发现了，就会提醒丈夫，她有多爱他，有多珍惜他。"我跟他说，我一直都爱他，"她说，"我知道他喜欢听，我也是真心的。他和孩子是我在世上最在乎的人。"约翰的缺乏安全感让她疑惑。因为，他是个出色的丈夫和父亲。她觉得，他现在和两人刚恋爱时一样迷人——她不在乎那额外的薪水！

约翰遇到的自尊心问题，是中间小孩通常会遇到的。但是，由于妻子对他的需求很敏感，会给予他所需的安心。约翰喜欢避免冲突，因而忽略了寻求情感支持。可是，他很幸运，因为他的伴侣不需要提示。而且，因为艾米知道，他对她和孩子付出很多——因为他对她的需求表现得非常敏感——反过来，她也愿意付出，让他开心。他们理解对方的优缺点，维持了亲密关系。

在克里斯汀（那位朋友众多的佛罗里达姑娘）的例子中，她如果能选择一下相处对象会更好。中间小孩周围的朋友，要重视他们忠实、亲和的本性，并以同样的方式对待他们，这对中间小孩非常关键。如果中间小孩不加选择地开放自己，他们可能把时间花在只关心自己的朋友或爱人身上。随着中间小孩成为自信的个人，并找到相配的伴侣，他们在开诚布公地谈论自身需求时，也逐渐变轻松了。

中间小孩对经验开放

最后，中间小孩呈现出的第三种人际关系根本特质是经验开放性。我们在第一部分讨论过，中间小孩不太认可父母，习惯了受哥哥姐姐支配。因此，他们喜欢打破常规，也是理所当然的。为了找到在世上的位置，他们必须更加开放，乐意尝试新事物。中间小孩倾向于反对传统，喜欢冒险和反叛——纵观历史，他们都运用了这一优势。

中间小孩乐于结交各界好友，不太受社会期待和等级结构的约束。这也部分解释了为什么半数美国总统是中间小孩：他们强烈认可各类人，并感觉对他们有责任感。有时，中间小孩会谋得媒体要职——例如翰尼·卡森、杰·雷诺和柯南·奥布莱恩。他们的成长环境中，需要自己开辟道路。因此，他们会寻求与他人的联系，通常是通过喜剧或新闻业。他们当记者或演员的部分诉求，就是他们可以与各界人士广泛交流。

就拿亨利（Henry）来说吧。他40来岁，黄棕色的头发。单身的他很快就要娶老幺莱娜（Lana）为妻。亨利小时候，不是很外向。但是，他喜欢跟同龄人待在一起。他总是在街上踢足球或推铁环。夏天，他经常在街上曲棍球比赛中当裁判。他家里有五个孩子，他是老三。他和兄弟姐妹相处还算融洽，不过，他和唯一的兄弟算不上最好的朋友。

亨利成长在一个工薪阶层社区，他的童年伙伴都来自相同的背景。作为成绩全优的学生，他是家里第一个大学生，获得了建筑学学位。虽然他现在搬到了市里其他区域的一个小房子里，但他还与老朋友经常联系。周末，他喜欢跟伙伴们一起玩。只要一有机会，他还会叫上工作上的朋友。穿钢头靴、戴棒球帽的童年伙伴和穿棉布裤、高尔夫衬衫的同事聚在一起。虽然亨利自己没意识到，但有时候，他的新朋友觉得，他的老伙伴"有点粗鲁"。

亨利完美诠释了中间小孩如何灵活地与大多数人交朋友——即使不是所有类型。因为中间小孩比较开放，他们会从广泛交友中受益。在普通关系和恋爱关系中，他们经常会适应非常不同的个性——甚至是难相处的个性。

在亨利与未婚妻的关系中，这种动态也在起作用。莱娜家有四个孩子，她是最小的。她比亨利大十岁，离过两次婚。她在中国香港长大后，去英国找父母，感觉漂泊无依。她抵触再婚，认为自己不幸，认定亨利不会愿意应对她"难相处的"个性。但是，亨利性情和蔼，无论多么偏执的想法，他都乐于接受。约会两年后，亨利终于说服了她。"你知道吗，我喜欢他的朋友们，"她说，"他们是完全不同的。"莱娜认为，是亨利包容的个性，让她在两次失败的婚姻后，还能轻松地做自己。

开放性放在卧室里会怎样

作为研究者，我想知道经验开放性与亲密性之间的关系。我可以把中间小孩的开放性，与卧室里的尝试意愿联系起来吗？而且，如果可以，这对中间小孩对一夫一妻制的态度又意味着什么——性尝试可能导致多个伴侣的欲望，会反过来损害长期的亲密关系吗？

许多研究表明，在家里没有连续育儿训练或根本没受过儿训练的孩子，会在亲密关系中遇到困难。他们的青春期开始较早，性接触较早。与生长在稳定家庭的孩子相比，他们拥有更多性伴侣。情感理论家也称，不同类型的童年经历可能影响你喜欢长期的、忠诚的恋爱关系，还是喜欢短期的、不忠的恋爱关系。由于中间小孩在家里经常感到被忽视，由此，这种经历可能影响他们长大后能否维持健康长久的性关系。

因此，长期以来，研究者认为，后出生的孩子——其实是指中间小孩——可能没有老大忠诚。比如说，在《天生反叛》一书中，弗兰克·萨洛韦指出，与哥哥姐姐相比，后出生的孩子更有可能采取偷情和背叛等高风险策略。由于萨洛韦手边没有确切数据，他根据对科学变革的研究结果（研究中，他把中间小孩归类为后出生的孩子），得出了这一观点。

但是，我发现，中间小孩有着复杂的个性，不适合这样的归类。在我有关出生顺序和人际关系的最近一项研究中，中间小孩在一夫一妻制中显示的背叛行为，远远少于老大和老幺。超过80%的中间小孩说，他们在一夫一妻关系中，从未出轨。而将近65%的老大和53%的老幺从未背叛过。有趣的是，一旦背叛行为发生，背叛次数就没有出生顺序的差别了。婚姻顾问确证了中间小孩在亲密关系中的稳定性和可靠性。他们始终表示，在夫妻咨询中，中间小孩比老大、老幺或独生子都少见。

我在研究出生顺序和性行为时发现，中间小孩想什么，说什么，和实际做什么是有差别的。在性行为方面，我发现，老幺最不受限制，老大最受限制——中间小孩居中。这意味着，老大和老幺比中间小孩的乱交倾向更强烈。但是，当我研究性态度等问题时，中间小孩得分最高，老大得分最低，老幺得分居中。换句话说，中间小孩对性的态度非常开放和客观，但他们的实际行为却不像态度暗示的那样随意。

而且，当我评估完性行为和性态度，然后再与出生顺序和性别关联后，研究的结果与以前的设想完全不同。男性的性行为完全不受出生顺序的影响（这与其他研究的结果不谋而合，与女性相比，男性在性行为上普遍比较自由）。可是，我们研究社会性行为时——针对没有承诺、亲密关系和其他情感关系的性关系，评估人们意愿的差异性——女性中间小孩呈现保守倾向。他们的社会性行为得分其实是最低的，表明女性中间小孩比其他出生顺序的孩子滥交的可能性小。

由于中间小孩视伴侣为朋友——是需要积极培育和迁就的财富——他们更善于处理这些关系，愿意自己独享。爱人、丈夫和妻子是中间小孩在原生家庭外，为自己培养的家人。他们非常重视这些家人。所以，中间小孩忠诚与亲和的天性，与他们喜欢冒险的倾向一结合，将得到一个性情稳定，而且愿意在性上尝试的爱人。在建立健康的亲密关系时，中间小孩的三个关键特质形成了极其完美的结合。

适合中间小孩的伴侣

在人际关系中，中间小孩重视并展现了这三个特质。从此判断，似乎很明显，如果谁有中间小孩做伴侣，那是件幸事。研究印证了这一点。一项以色列的研究问到了"你信任自己的伴侣吗"和"你和伴侣相互厌烦的频率是多高"。研究显示，最幸福的夫妻是中间小孩与其他任意出生顺序的组合，以及老大与老幺的组合。

尽管中间小孩喜欢逃避问题，有时有些太喜欢容忍，但他们通常是情绪稳定、有乐趣的伴侣。他们不喜欢对别人妄下判断，愿意坚持到底。失业的丈夫内德很幸运，因为他妻子苏茜是个中间小孩——她乐于变通和体谅别人，夫妻俩婚姻美满。"我知道，当我们不靠近对方时，当我们不亲密时，我们很容易分手，"苏茜，"所以，我们总是给对方时间，等待两人和好。"如果内德娶的是一个苛刻的老大，或一个暴躁的老幺，那么，他几个月的爱答不理，一定会付出巨大代价的。

最重要的一点是，良好的沟通是任何关系的必要因素，而中间小孩非常擅长沟通。他们只不过也迫切需要表达自身需求，就像他们关心他人需求一样。持续亲密的美满关系离不开一定程度的情绪弱点和个人弱点——这是性关系中独有的，还离不开代表自己面对和解决冲突的能力。

我们已经从佛罗里达州的克里斯汀身上看到，如果其中一方——随和的中间小孩过于听从别人时，友谊就可以维持下来。在积极方面，中间小孩倾向于避免个人冲突，在避免冲突是否一定是坏事的问题上，家庭交流研究其实还有分歧。它可以视为一种合作模式，双方的目标都是不依赖战火，就找到解决方案。这意味着，在处理人际关系时，中间小孩比其他出生顺序的孩子更容易渡过难关。事实上，与其他出生顺序相比，中间小孩更有可能认为争论"没什么"，这有助于正确地保持论点。如果夫妻俩处理冲突的策略类似，他们只会"放下"，似乎不会有人怨恨。

所以，很显然，中间小孩温和、体贴和会照顾人的一贯交流风格，让他们成为老大和老幺的好伴侣。因为老大喜欢动怒，看重自我，而老幺爱引人注目，反复无常。然而，当两个同样亲和，同样喜欢避免冲突的中间小孩结婚时，就会产生一些问题。

从逃避风浪，到顺利航行

芭芭拉和道格都是中间小孩。他们结婚五年了，朋友们都认为他俩很般配。他们不仅都像刚从时尚杂志里走出来一样，而且都性格开朗，精力旺盛。他们的小女儿辛迪刚满两岁，就要上幼儿园了。现在孩子大了点，芭芭拉想回去当编辑，至少当个兼职。

但是，家里并不是一帆风顺，就像芭芭拉最好的朋友莉亚了解的那样。在她们相聚的女孩之夜，芭芭拉跟莉亚承认，她担心回去工作，道格不高兴——虽然他也没这么说。其实，他尽可能避免讨论。她一想提这个话题，他就强调："我没事！"

芭芭拉不知道怎么处理。而且，自从她提出这个话题，她就感觉，道格就开始经常在消防站加班。也许，他会认为，她想回去工作，是因为她们需要钱。也或许，他只是想逃避，这样就不用跟她说，他想她留在家里。同时，莉亚发现，她朋友没法让丈夫坐下来，讨论解决方案，简直不可思议。

由于夫妻俩的僵局，芭芭拉根本就没联系熟人去工作。她为现状沮丧，但却不愿面对道格解决问题。

芭芭拉和道格没能公开解决个人问题，却在伤害自己：其中一个要猜想另一个的真正动机和优先选择。在如何做出重要的人生决定问题上，一点也不清楚。真正的危险是，他们会完全做不了决定，或由于沟通不透明而做出错误的决定。面对潜在的争论，比一旦希望破灭或需求被误解，事后被迫解决怨恨要容易很多。

他们都患有中间小孩逃避综合征：以亲密关系为代价逃避冲突。

解决方案？寻求一些帮助

但是芭芭拉和道格很幸运：朋友莉亚帮助他们解决困境，请夫妻俩吃饭。

喝了几杯红葡萄酒后，她和丈夫开始谈孩子和工作的事。芭芭拉的表情立马放松了。在朋友们面前，道格也随意地谈起他的担心。"我不确定，她还有足够的时间给我和辛迪，"他后来承认，"而且，我不想她以为，她非得回去挣钱。"反过来，芭芭拉也意识到，她从没告诉过道格，她有多喜欢当编辑。"当他意识到那份工作能给我带来多大活力时，他的立场就改变了许多。我们解决了问题，但是，我们当然离不开打破僵局的人。"事后，提起他们好几个月不说话，才提起勇气开诚布公，都成为两人的笑谈。他们达成一致，从那以后，他们心里想什么就说什么。一方要相信，另一个人很敏感，不会不动脑子就随便反应。

自那以后，芭芭拉在一家小型周报社找到一份兼职编辑的工作。尽管支付育儿费用时，她的收入不是很多。但她知道，工作让她与家人相处时更有效、更快乐。由于他们都努力正视问题，两人都说相互的猜忌少了，他们对彼此的界限更加清楚。芭芭拉想要一些独立，道格想把家庭放在首位。由于他们相互了解了对方的动机，就更易于找到两人都接受的折中方案。

尽管可能会出现避免冲突的现象，但两个中间小孩的结合也很好——以色列的婚姻幸福研究证明了这一点。另一方面，如果你是老大或老幺，且与你所在的出生顺序结合，你很可能没那么幸福。老大配老大的结果是，两个领导者花很多时间在争吵上。两个老幺也不是最好的结合，因为他们都喜欢我行我素，可谁也不想领头。我们的孩子中，独生子女越来越多。两个独生子女的结合也不是很好，因为双方都不喜欢分享关注。此外，个性研究显示，独生子女通常喜欢追求完美，会对伴侣要求苛刻。

如果你是中间小孩，无论与哪个出生顺序结合，你都不用害怕说出自己的担心或需求。无论是与朋友，还是与伴侣讨论问题，都不要犹豫，好好运用你亲和的本性。不过，别忘了为自己说话。

如果你与中间小孩结婚，确保经常让配偶说出内心想法。你的配偶可能对大事也闭口不提。中间小孩乐意给予支持和奉献，如果你也能这么做，会给他们留下余地，让他们在必要时打破常规。

中间小孩会在友谊和爱情中获得成功

中间小孩拥有适宜的个性。我相信，这会让他们与非家庭成员建立健康互惠的关系——从某种程度上说，他们会成为友谊专家。"中间小孩似乎就像O型血：适合所有类型。"以色列研究的作者们总结道。性格稳定、适应性强的中间小孩不仅容易建立完美婚姻，而且会交到可靠的终生好友。

此外，亲近的人际关系有着无数明显的好处。等你老了，如果身边都是朋友，感知退化的可能性就较小。一项研究表明，当人们维持坚固的社交关系时——他们其实寿命更长，生活更幸福——而且更容易从疾病或伤残中恢复过来。乔治·伯恩斯活了100岁，他归功于工作和朋友带来的精力。尽管格蕾丝比他先去世几十年，乔治还维持着与她的联系：去她的墓地探望，在各种场合谈论起她，而且一直没有再婚。去世前，他说，希望在天堂与她重逢。

中间小孩手握维持良好关系的钥匙。只要他们弄清了使用钥匙的最有效方法，那就是一把非常珍贵的钥匙。如果他们能在奉献和盲目忠诚、亲和性与好欺负、开放与鲁莽之间找到完美平衡，他们就能顺利前进。一旦中间小孩意识到本性带来的许多优点，意识到——并因此避免——潜在的陷阱，他们就能打开大门，体验非常满意的、长久的人际关系。

中间小孩如何表达爱

1.中间小孩选择自己的家人

中间小孩非常喜欢社交。成年的中间小孩选择自己的"家人"，从捍卫的家庭结构中获得自由。他们为朋友和爱人忠诚奉献——有时，甚至忠于来自原生家庭和他们自己的伤害。

2.但需要努力维持真正的家庭关系

中间小孩一旦长大独立，就会与家庭成员保持更加亲密的关系，以此避免误解。

3.在恋爱中，中间小孩常常付出，但不一定有收获

在恋爱关系中，中间小孩既可靠又灵活，让伴侣有安全感。可是，他们也需要伴侣的关爱和注意，否则他们可能开始受到无端疑惑的困扰。

4.中间小孩要为正义而战

中间小孩在与朋友和爱人交流中，可能很难划定界限。在面对自己重要的问题上，他们要做好保持立场的准备。

5.中间小孩要为自己谈判

虽然中间小孩善于倾听，为人非常慷慨。但是，如果能在被强迫时能认清形势，并学会拒绝，对中间小孩更有好处。代表自己运用谈判技巧，有助于避免他们受人欺负。

6.伴侣们要确保中间小孩表达心声

避免小冲突，做事灵活有它的好处，可避免大冲突会伤害中间小孩。不惜代价地寻求和平是危险的。如果你与一位中间小孩结婚，要确保经常让另一半说出自己的忧虑。你的另一半可能对重要的事也闭口不谈。

7.合理要求是可以的

因为中间小孩比较开放，他们会从广泛交友中受益。在恋爱关系中，他们可能会适应非常不同的个性——甚至是难相处的个性。但是，在恋爱关系中过于开放，会使他们被轻视。人们有权要求平等互惠。

8.当中间小孩遇到爱情

中间小孩对老大和老幺来说，都是绝佳的爱情伴侣。但当两个中间在一起时，他们可能会有逃避问题。学会说出需求与忧虑，是保持顺利沟通的关键。

第八章　中间小孩做孩子

　　"金甲虫"约翰逊（June Bug Johnson）比同龄的孩子个子高得多。上七年级时，他的身高已经超过一米八了。刚过没几年，他已经快两米了。做完功课和家务的清早和夜晚，在他家乡密歇根兰辛市（Lansing）的一个篮球场上，总能看见他的身影。他很幸运，"金甲虫"只是他童年的外号。15岁时，埃文·约翰逊（Earvin Johnson）球技惊人，获得"魔术师"的绰号。

　　约翰逊是个中间小孩，家里还有8个孩子。他没有因为特殊的天赋，而获得特殊的待遇。家里有很多人要糊口，很多活要干。通常，他晚上训练完回家，母亲做的饭已经吃完了。他父亲在当地通用汽车厂的流水线上工作，晚上要加夜班。母亲是学校管理员。"我父母依赖工作——不只为了他们自己，也为了几个孩子，"约翰逊在自传中写道，"我要做饭、洗盘子、扔垃圾、用吸尘器打扫、照顾一对双胞胎——虽然我只比他俩大两岁。"

　　约翰逊迷上了篮球，父母和导师都鼓励他，但又不过分放纵。他要遵守严格的规则：比如说，不能在屋里打球（于是，他把袜子塞成一团，对着墙上的记号"投球"），还要以学业为重。此外，他身上总有很多任务：要是他父亲早晨三点回家，发现儿子没有听话地铲平车道，就会把他叫醒，让他立即干活。虽然约翰逊醒着的时候，几乎都在球场。但母亲要求，他早晚都要去卧室，告诉她要去哪里。

　　虽然父亲干了两份工作，但会抽出时间和这个中间小孩打篮球。他在儿子身上没有白花钱，从来不让儿子偷懒。"从体能上来说，我不是世界上最有天赋的篮球运动员。我跑得不是最快，跳得也不是最高，"约翰逊说过，"但是，多亏了我父亲，球场上没人比我更懂得用计谋。"

他站在许多孩子中间，却从来没感到被忽视。

孩子一多，家庭生活就会乱，尤其是资源匮乏的时候。多项研究资料证实，亲代资源的可用性随着家里孩子数量的增多而递减——我敢肯定，对于大家庭的孩子而言，这也不奇怪。

我先前曾指出，亲代资源是有限的：即使大家庭的父母财力雄厚，他们对所有子女付出的时间也不是无限的。通常，父母不能给每个孩子都投入足够的金钱或时间，满足父母认为的孩子需求，或孩子的实际需求（这两者当然差异很大）。但我们从"魔术师"约翰逊的故事看到，无论家庭规模大小，父母都可以遵循特定的基本原则，帮助每个孩子形成良好的性格和有益的生活技能。

父母遇到的一个困境

中间小孩的父母多少会遇到一个难题。在一个家庭中，如果老大正在追求陌生路线，需要经常指导，而老幺也需要花费许多时间，怎么能给中间小孩足够的关注呢？每个父母都困惑自己做得够不够好，中间小孩的父母还要承担额外的负罪感：在混乱的日常生活中，太容易忽视中间小孩了。

凯瑟琳（Katherine）是四个孩子的母亲。她说，她担心家里的老二，因为她注意到，他老一个人待在屋里。"我意识到，我总是夸老大会弹吉他，可从来没评价过约翰尼（Johnny）的爱好。就好像我在厌恶他的兴趣一样。"詹姆斯（James）是三个孩子的父亲，他这样说："我很少想到我的中间小孩，除非我因为从没想到她而有了负罪感。"

但是，许多负罪感其实是没必要的。

在本章中，我会告诉父母们为什么。我会帮助父母们分清，他们面对中间小孩，什么事做对了，什么事可能做错了。有什么注意事项？他们不知不觉中灌输给中间小孩的，有哪些宝贵的技能？我会回答以下类似的问题：我的老大和老幺喜欢跟我们一起度假，可中间小孩却宁愿跟好朋友一起，我该怎么办？8岁的莎拉（Sarah）是太安静内向，还是仅仅是喜欢独立？我15岁的孩子有心理负担，是因为她总要照顾妹妹，而她哥哥可以追求自己的兴趣吗？

本书中，我们花了很大篇幅分析中间小孩形成的积极技能。现在，该关注父母抚养中间小孩时的一些顾虑了。我会着重介绍中间小孩的父母需要注意的一些育儿习惯。例如，中间小孩喜欢花许多时间跟朋友出去。有时，父母又觉得，强调家庭时间不太好。中间小孩不回家，寻求同辈的关注，可能是一种有助于形成良好技能的策略。但这样一来，相比其他出生顺序，中间小孩也有可能更容易受到同辈压力的伤害。

抚养中间小孩，也没有具体的行动计划。但是，要注意一些危险信号。而且，有一些担忧，可能没有现代父母想象得那样严重。根据当前文化态度和我们的价值观，子女教育的成功秘诀在变化，我们的理解也在不断变化。但是，无论子女教育的趋势怎样，中间小孩的独特需求，都与他们的兄弟姐妹不同。我们也会探索这些问题。

在这项关注中间小孩教育的独特研究中，我希望向父母们展示，只要遵循我强调的几个抚养子女核心原则，父母对中间小孩的做法也错不到哪里去。中间小孩安心成长，明确自己正在培养有益的技能，也不是不可以的。父母可以不用那么担心，同时要注意到中间小孩的特殊需求，比如鼓励和尊重。

抚养中间小孩是什么感觉

中间小孩的父母说什么

四个孩子中，雨果（Hugo）是大一点的中间小孩。从八岁开始，他整个

155

夏天都是露营度过。两个兄弟和妹妹不想出去露营，雨果的父母有时担心，他会不会觉得自己不是家里的一分子。夏洛特（Charlotte）是个17岁的中间小孩。她只要醒着，就在跟朋友发短信。如果她被父母拖去家庭聚会，她就会强烈抱怨。父母严格要求她投入"家庭时间"的次数，因为他们担心不了解女儿到底天天在做什么。她似乎有话不爱说，跟父母疏远。15岁的中间小孩丹尼尔（Daniel）身材高大，体格健壮，可他拒绝参加任何竞技类运动："我不明白怎么回事，"他父亲抱怨说，"好像他这么做，是故意刁难我们。"

这些孩子或这些家庭有问题吗？

跟所有出生顺序一样，中间小孩也分为各种类型的。同样教育一个或多个中间小孩，你的经历可能顺利而享受，而另一个父母的经历可能带着痛苦和负罪感。这样不同的经历有着多重根源。记住以下几点：

· 中间小孩天生的一些内在个性特质，影响着他们与父母的关系。例如，"杯子半空论"的中间小孩和"杯子半满论"的中间小孩，对待家庭生活的态度是截然不同的。

· 孩子会对照哥哥姐姐定位自己。所以，第一个中间小孩可能是外向开朗的运动员，下一个中间小孩就可能是内向的书呆子。

· 成年人养育子女的方式和习惯是不同的。在一个家庭中，中间小孩可能获得充分的时间和资源，在关爱和安心中成长。而在另一个家庭中，中间小孩几乎被忽视，感觉自己没有其他兄弟姐妹重要。

· 无论什么出生顺序，环境——家庭创伤或经济稳定——对孩子在童年形成的策略有着重要影响。因为，与完整家庭出来的中间小孩相比，离异家庭出来的中间小孩对父母的挑战也是不同的。

中间小孩说什么

我看到，中间小孩形成了许多优秀的技能。但有时候，我很好奇，许多中间小孩感到非常挫败和被忽略。无论搜出多少博客，你都会看到，中间小孩对被忽视的问题非常恼火。常见的主题是，老大任性骄纵，老幺受到悉心呵护。

"我父母说，他们也一样爱我，可我很怀疑，"一位中间小孩写道，"我表面上像什么也不烦恼，可我真的讨厌当中间小孩。"另一个女孩写道："太可怕了。我感觉自己没有天分，一文不值。"一个男孩长篇大论了中间小孩的悲惨，最后承认："有时候很辛苦，可我想，我可能把事情想严重了，因为我太敏感了。"

从我日常接触的朋友和学生中看，针对自己的家庭角色，成年的中间小孩表达的感觉是差别巨大的。有些人明确地说，他们感觉被无视和不受欣赏，比如我的朋友萨莉（Sally）。另一些人说，他们喜欢不用被时刻监视的自由感，比如研究生杰克（Jake）。在职场，与在博客宣泄的年轻中间小孩不同，成年中间小孩对自己的独立性表达出相当强烈的舒适感。

那么，父母应该怎么看待这件事？毫无疑问，家庭环境对孩子的发展至关重要：家庭是我们遇到的第一个社交群体。同样，家庭也是我们学习认知自己和他人的地方。出生顺序对发展的影响是直接的、巨大的。因为，家里的孩子越多，父母对每个孩子投入的时间就越少。这反过来让孩子形成"寻找位置"的策略，以获得更多关注。如果这些策略被认识到，并加以重视，就会对他们有好处。

我相信，如果中间小孩意识到，家庭动态有助于形成良好的生活策略，他们感受的家庭压迫感就会减少。跟你的中间小孩谈谈他们当中间小孩的经历。要保证他们感到有人倾听。不要以为，中间小孩不说话，就表明开心或不开心。问问你的中间小孩，看他/她是什么感受。小小的确认，大大的帮助。

大家庭的动态

很少有研究把中间小孩从后出生的孩子中分出来，考虑年龄间隔的就更少了。1981年的一项重大研究把两个因素都考虑进来。心理学家珍妮·基德韦尔收集了1700名青春期男孩的数据，有理有据地指出，一个家庭的孩子越多，父母挫败的可能性就越大。基德韦尔想知道，大家庭中的青少年是如何认识父母的。根据家庭规模的不同，他们感觉来自父母的惩罚更多，还是更少？他们能合理地解释规则吗？父母支持他们吗？基德韦尔考察了出生顺序和孩子间的年龄间隔两个因素，并观察答案。从惩罚的角度来看，大家庭的孩子受到的刑罚是正常的两倍：

- 为了控制孩子的行为，孩子越多，父母越喜欢用惩罚手段。
- 大家庭的父母拥有较少的时间、精力和耐心，因而父母都比较不愿意解释自己的行为，面对面与孩子积极交流。

有人会想，随着家庭规模增长，可觉察到的合理性和支持水平就会降低。我们要重视的发现是，无论与老大还是老幺相比，中间小孩总是呈现更消极的认识。"由于中间小孩在子女结构中的位置，使他们没有任何独特性，"基德韦尔解释说，"他们感受不到父母的支持，明显地反映了这种不利的状态。"

我之前讨论过，来自西方文化的父母坚信，要平等对待所有子女。尽管如此，从中间小孩的观点来看，事实通常截然相反。中间小孩感觉"受人欺负"。他们认为，老大和老幺在家里受到特殊待遇。而且，基德韦尔认为，子女年龄间隔对中间小孩的挫败程度，产生了巨大影响。子女的年龄间隔越大，关系质量越高。子女的年龄间隔越小，父母与青少年子女的关系质量越高。

我是在宣传父母少要孩子，拉长出生间隔吗？根本不是。我认为，拥有多个孩子的家庭可以，也应该认识到自己的时间和耐心有限。父母要对孩子采取不同的行为方式——尤其是针对中间小孩——这样可以提升他们受理解和受支持的感觉，减少挫败和受忽视的感觉。家庭越大，中间小孩越受压制。这会加剧他们体会到的挑战和挫败。一旦父母意识到这种动态，就可以想办法缩小影响。

再回去看看"魔术师"约翰逊的成长环境：家里充满安全和关爱，他要承担责任和义务，父母鼓励孩子发展兴趣，与孩子相处愉快。我们会看到，对中间小孩而言，家庭幸福的关键因素不是父母的时间和投资本身，而是投资的特殊本质。

关注不像说得那么好

为了让孩子获得快乐和成就，当今一代含辛茹苦的父母通常忽略一些基本事实：

- 我们没法阻止孩子经历失败或危险。
- 失败本身也是有益的。
- "成功"是相对的。
- 父母压力下的学业优秀不能保证"成功"，事实上还会产生反作用。
- 热情和诚实通常是比成绩更靠谱的成功预兆。
- 拥有良好的人际交往技能不意味着永远不反对。

历史最悠久、最有破坏性的亲代谣言是，孩子获得的关注越多，他们就越安全、越幸福，长大后也越成功。亲代本能就是不惜代价地保护孩子——让他们远离失败、孤独、失望和恐惧——可是，最终却是徒劳。我们来看看，不同类型的关注，对所有出生顺序的大体影响和对中间小孩的特殊影响吧。

"妈妈，爸爸，你们要抓住我的手！"

在雷德兰兹大学（University of Redlands），夏洛特坐在我的办公室里，脸上一副完全困惑的表情。一年级的她用手指搓着手机，看起来好像一夜没合眼。

"你要先想出几门化学课，"我说，"要是你发现不合适，以后随时可以改方向。"我反反复复跟她说了半个多小时。

"可我妈妈说，我上学期的化学成绩很差。她觉得，我应该多上生物课。"

"你自己是怎么想的，夏洛特？"我问道，声音中有一点不耐烦。我很快就该辅导下一名学生了。今年，我辅导的学生数量破了纪录：44名。

"我不知道。我是说，我很想多上英语课，可我父母想让我读医学预科。我妈妈给我的高中化学老师打电话，询问她的意见，可电话没打通。我能再等几天吗？"

"你明天就要注册了，"我叹了口气说，"你可以再等等。不过，尽快注册，更有可能选上你喜欢的课。"

我对这个问题太熟悉了。一年前，一个家长还孩子一起参加了咨询会。几年前，有个聪明的小伙子，事先不跟他母亲确认，就没法跟我在办公室里聊一次。如果孩子过于依赖父母，一旦步入大学，不经过父母的批准，他们就没法自己作决定。作为第一次踏入"现实"世界的年轻人，他们拿不定主意，过于依赖。他们通常要经过整个大一，才能放下从家里获得的一贯支持和关注。

较少的关注有益于提高独立性

毫无疑问，所有孩子都需要教育和指导，才能成为最好的自己。父母必须给孩子提供一个充满安全和关爱的环境，鼓励孩子的潜力发现。但是，孩子也要形成较强的独立性。除非他们相信，自己已经形成了必要的技能，能独立作出妥善决定。否则，他们就会被不安全感困扰。

中间小孩独立精神的标志之一，就是他们年轻时相对经济独立。如果他们遇到经济困难，会找谁帮忙呢？一项研究调查了17岁至35岁的年龄段，结果显示，87%的老大和81%的老幺会首先找父母经济援助，而向父母求救的中间小孩只有63%。另一项关于大学生的研究表明，有较高比例的中间小孩说，他们大学期间的费用，没有受到父母的任何援助——显示了较高的自给自足水平。

在《不管准备好了没，这就是生活》一书中，心理学家梅尔·列文说，想把孩子培养为成功人士，就是纪律与自由、父母干预与自我帮助、自由模式与计划模式等基本行为的结合与平衡。所以，当你父母太忙，或分不出精力关注你时——中间小孩通常遇到的情况，会发生什么呢？你学会了更好地自给自足。你会运用自己的想象力。你会明白，生活不一定都是公平的。从许多方面来说，你为驾驭成年世界做了更好的准备。"我们对孩子倾注的精力、才能、兴趣和期望越多，他们发展自身才能、兴趣和期望的空间就越小，"《特权的代价》（*The Price of Privilege*）作者玛德琳·列文（Madeline Levine）说，"过于投入的父母是在剪掉孩子的翅膀。"

中间小孩获得的不多，期待的不多，结果却被要求给予很多。他们要听话地等待，照顾小孩。弟弟妹妹做不好，哥哥姐姐在做家务等更重要的事情时，他们要挑起担子。许多中间小孩感觉，父母对他们的要求，比对家里其他人的要求少。虽然从某种意义上讲，这是一种怠慢，但这也意味着，他们长大成人时，总算能更加自由地追寻自己的道路。

当今的许多父母对养育子女的专注令人敬佩。但是，一些过度热心的父母表现的以下几种行为，似乎对孩子弊大于利：

表五　养育子女过分热心的后果

行为	结果
美国大学管理人说，婴儿潮一代的父母太过热心地移除孩子遇到的障碍，他们自称"除草机父母"。	年轻人不懂灵活、协商或创新思考。他们没有形成重要的社交技能。
高中教师称，不敢给成绩不好的学生打低分，因为担心来自父母的愤怒责难。	孩子自己的行为或怠慢，不用自己面对后果，无法从错误中学到经验。
教练们称，在过去的20年，父母参与孩子体育运动的程度明显提高了。	青少年运动员有时候会叛逆，完全放弃运动生涯。他们感觉筋疲力尽，称自己"陷入困境"。

　　类似詹姆斯·泰勒（James Taylor）《正向推动》（*Positive Pushing*）的著作表示，父母过于保护孩子，会阻碍情绪成熟。这种心理弱点也会让他们准备不充分，处理不好长大后必然遇到的障碍和挫折。

　　我们已经看到，中间小孩从父母那里获得的时间、关注和资源较少，他们通常会因此煎熬。但这种煎熬似乎只是暂时的。前几章已经证实，非常清楚的一点是，缺乏关注有助于形成一些极其有用的技能，例如谈判、开拓和追寻正义等。过分的关注其实对孩子有害。明白了这个道理，中间小孩的父母就可以放心了——如果是完全的自由，哪个孩子也无法受益。但是一点良性的忽略，哪个孩子都能受益。

可是，对中间小孩有消极后果吗

　　1969年，《自尊心理学》（*The Psychology of Self-Esteem*）的出版，改变了未来几十年父母对孩子的教育方式。该书作者纳撒尼尔·布兰顿（Nathaniel Brandon）主张，自尊是个人最关键的一个元素。当时，人们公认，自尊、赞美和成绩同起同落。于是，父母和教育家都进入了这样一个时代：孩子做出来的一切——无论是艺术品、科学论文，或仅仅是他们写的字——都会被过分赞美：

"做得好，小伙子！"

大量研究关注了出生顺序和自尊的关系。为我们提供最多资料的，还是珍妮·基德韦尔。她发现，学龄期的中间小孩其实比老大或老幺的自尊低。她认为，中间小孩低自尊的原因是，他们自我感觉在家中缺乏独特性（我认为是正确的）：家里有负责的老大，有受宠的小宝宝……那我又是谁？加上中间小孩通常从父母那里获得的时间和关注较少，这似乎导致了他们的自我价值感下降。

很明显，健康的自尊比低自尊要好。老大和老幺（尤其是老幺）甚至没做那么多，也时常获得额外的表扬，可以提升自尊。中间小孩要获得表扬，通常要发奋努力。跟许多父母的想法不同——《教养大震撼》（*NurtureShock*）一书表明，他们过分表扬孩子，围着孩子转想得到的高自尊——其实与成功无关。作者坡·布朗森（Po Bronson）和阿什莉·梅里曼（Ashley Merryman）分析了多项近期研究后发现，当孩子拥有高自尊时，并不会带来成绩提升或事业成就，也不会减少饮酒或暴力。他们还总结说，"过分的表扬会使动力扭曲"，导致无法应对失败，无法形成毅力。

所有的表扬都不是平等的。同样，所有的关注也不是平等的。如果父母在正确的时间，用正确的方式，给予专家小孩足够的关注，这些中间小孩在长大后，会拥有强烈的自我意识、良好的动力和毅力，以及"恰到好处的"自尊。那么，什么才是真正的"恰到好处"？当一个人拥有强烈的自信，能自己忍受失败和冷酷的艰辛，又不觉得受骗或泄气时，这就叫恰到好处。

中间小孩的父母最常见的担忧

我们花了许多时间，集中讨论中间小孩的正确做法。现在，我们把目光转向父母抚养中间小孩时的具体担忧。通过个人经历和研究，我将这些担忧缩小到五个基本领域。我认为，如果每个担忧都顺利解决，中间小孩就可以像著名的"魔术师"约翰逊一样，在家中获得更多理解和关爱，快乐地度过青少年阶段，并从中受益：

1."我的中间小孩从来都离不开朋友。这是怎么回事？"

周五晚上，史密斯（Smiths）一家计划家庭聚餐。经过了忙碌的秋天，他们想静下来，跟3个孩子谈谈这个学年：约翰17岁，梅格16岁，凯尔13岁。像往常一样，找不见梅格的影子。似乎经常看不见她。她要么在屋里跟朋友打电话，要么在朋友家里做作业、研究做饭或上facebook。

虽然两个男孩有年龄间隔，但关系很好，比梅格与父母在一起的时间多得多。她妈妈阿曼达开始担心，梅格是不是很沮丧，因为她好像躲着父母，有事也藏着不告诉父母。阿曼达努力回忆上一次一家人共度周末的夜晚，可她想不起来。事实上，梅格上次真正关注家人，是暑假期间，他们在湖畔共度了一周。

对于至少三个孩子的许多家庭而言，史密斯一家的经历很典型。中间小孩喜欢社交。在家里，他们似乎安安静静或漠不关心。但跟朋友在一起，他们可以自由地展现自我。所以，他们通常更喜欢跟朋友在一起。在我有关中间小孩的第一批研究中，1998年的一项研究发现他们对朋友有多重视。我通过查看最影响不同出生顺序的措辞，分析政治修辞对他们的影响。政治人物希望运用能引起共鸣的措辞，提高忠诚度和信任感。我想看看，不同出生顺序容易受到影响的方面都在哪儿。当他们作判断时，最容易受到什么样的权威和信息影响？

这里检验了两个假设。首先，我认为，在唤起积极回应方面，亲密措辞（如"朋友"）比疏远措辞更有效。其次，我认为，相比老大或老幺，中间小孩比较不容易对这类亲密措辞有反应。我呈现了3份切题的政治演讲。第一份用"兄弟，能不能赏我一毛钱"等亲密措辞。第二份用"朋友"等措辞。剩下的一份用"我的同胞"等表明公民关系的措辞。

中间小孩对亲密措辞的演讲反应很小（老大和老幺对表明公民关系的演

讲，也同样反应很小）。这意味着，家庭权威对中间小孩影响不大。他们比较不容易受到权威人物呼吁的影响，更愿意听同伴的话。他们认为，同伴跟他们的利益或目的一样。

但是，长远看来，对朋友的信赖是有益的，还是会产生潜在问题，形成同辈压力呢？像阿曼达这样的父母，是应该坚持家庭时间和面对面的时间，还是允许中间小孩顺应自身倾向，从家庭生活中安稳退出呢？

同辈压力令人不安，是真的吗

看过2003年电影《十三岁》（*Thirteen*）的人，都很熟悉父母凄惨的恐惧感：他们敏感可爱的孩子交了个朋友或加入了小团体，导致孩子走上青少年叛逆的危险道路。无数电影、书籍和日常故事惋惜父母对孩子影响甚小。"以为可以让孩子变成我们希望的样子，这是错觉，"作者茱蒂·里奇·哈里斯（Judith Rich Harris）说，"放弃吧。"

哈里斯1998年出版的《教养假设》，直击父母影响大于同辈影响的长期观念。西格蒙德·弗洛伊德提出一个著名看法，对成年人而言，为了获得幸福和明确目标，他们必须首先克服父母的长期影响，通常要彻底摧毁父母的影响。精神分析理论几十年都坚持这一观点。但是，哈里斯主张，在父母为孩子创造的特定社交环境与孩子成为什么类型的人之间，研究者其实也无法找到任何因果联系。

这对父母而言，这个观点很极端，非常让人不安。如果哈里斯的结论表明，从大局来看，养育子女的行为对孩子的影响是微不足道的。那么，同辈影响等外部因素比先前想得更加有影响力。所以，这是不是意味着，决定孩子未来的，更多的是他们一起玩的朋友，而不是他们的父母呢？根据哈里斯的说法，孩子"不是由你来完善或毁灭的：他们属于明天"。

很显然，当被高度重视的不是亲代关系，而是朋友时，相比权威人物起主要影响的情况，误入歧途的风险要高得多。2006年，《经济调查期刊》（*Journal of Economic Inquiry*）发表了一项研究。研究利用庞大的数据库，查看青少年的冒险行为，以判断年轻人抽烟、喝酒、吸大麻、性活动和犯罪等行为的主要原因。是因为渴望与众不同吗？是因为想成为关注的中心吗？还是因为同辈压力呢？

从出生顺序的角度查看结果发现，中间小孩和老幺比老大更有可能通过冒险行为挑战极限。这里尤其关键的是，后出生的孩子比老大有更多的性行为和抽烟行为。这两项活动都与社交行为相关。因此，中间小孩沉溺其中，可能也没什么奇怪的。（接下来就该酒精和大麻了。不过，这些是违法的，想接触到会困难些。）虽然这对两者都会产生重要影响，但对老幺的影响比对中间小孩的影响大。

我们已经讨论过，中间小孩比老大更愿意冒险。在这种情况下，我们看到，有些社交活动虽然需要冒险，但可能对参与者社交有好处。对于高度重视同辈接受度的出生顺序而言，这是比较有吸引力的。

研究者认为，这种违规倾向主要是因为，后出生的孩子通过哥哥姐姐接触了这类行为。但我不是很赞同。这种假设还没有被证实，因为，没有数据证明，哥哥姐姐是不是示范了这种冒险行为。事实上，在研究中，老大在冒险行为和追求刺激行为一样，通常得分较低。然而，后出生的孩子更偏爱尝试新事物和冒险，因此他们得分较高。我们知道，他们比老大更容易受到同辈的影响。因此，当朋友们建议参加这类活动时，后出生的孩子比老大更容易动摇。

但是，还要记住另一个重要考虑：对孩子而言，被同龄人接受非常重要。而且，朋友多，甚至对朋友的喜欢胜过家庭，本身也没有坏处。孩子一旦被冷落，没有朋友或受欺负，会遭受深刻的情感伤害，一直伴随他们到成年。1968年，一项关于同辈接受度和排斥度的研究发现，同辈接受度低的孩子违法犯罪的可能性，是受欢迎的孩子的将近两倍。而1987年，一项关于同辈关系和个人适应的研究得出结论，同辈适应性不好的孩子（尤其是还有攻击行为的孩子）有退学和从事犯罪活动的危险。

这是大多数中间小孩不可能遇到的问题。中间小孩在同辈接受度上得分极高。1992年，一项有关出生顺序的研究评述回顾几份研究后表明，在青少年中，中间小孩更经常扮演领导的角色。在同学中的受欢迎度上，他们比老大得分更高。

父母该如何应对同辈压力

在讨论同辈影响与父母影响时，我持中立态度。最近，有大量研究表明，孩子看待世界的方式，受到成长环境的强烈影响。由于在孩子很小的时候（不到5岁），就会形成个人品位和个性，父母的影响至关重要。孩子与父母的关系将影响家庭外社交联系的数量与质量，以及同辈对孩子自我感知的重要程度。

除了孩子对社交团队的选择，影响发展的还有其他关键因素。其中包括以下因素：

- 基因：一个人的某些技能、天赋和挑战（例如失读症或注意力不足过动症）是天生的。
- 子女教育风格：大量研究和文献证实了为人亲切、言行一致和承担责任等特定子女教育原则的重要性。
- 孩子的数量：独生子女家庭的孩子与大家庭的孩子相比，童年体验是截然不同的。
- 性别：对男孩和对女孩的期待通常是不同的，这也影响了他们的交流行为与方式。

孩子无法选择家庭，却会选择朋友和社交群体。中间小孩比老大爱冒险得多。对他们而言，可能会喜欢挑战极限的群体。由于相比其他出生顺序的孩子（包括老幺），他们对友谊重视得多。这意味着，他们怕拒绝别人，会仅仅为了不让朋友失望而冒险。他们更有可能给自己带来麻烦——比如行窃、尝试毒品或酒精——因为朋友鼓励他们这样做。

但是，接受你的中间小孩是个社会动物，并不意味着你不管他们交什么朋友。关注他们的朋友，允许他们把朋友带回家，结识他们朋友的家长，都有助于恢复一些控制权。从很小的时候，就鼓励他们认可自己的感情和观点，并按照天性行事（而不是按照别人的意愿）。这会帮助他们在要事面前学会拒绝——无论是朋友索取过多，还是面对他们不愿参加的活动。

表六 父母的策略

中间小孩的典型行为举例	父母的策略
"约翰从不在家——他总在朋友家里。"	创造一个中间小孩和他/她朋友都愿意待的家庭环境。 创造机会见他们的朋友（比萨之夜、看电影、滑冰聚会）。 要明白，与朋友聚在一起也有好处（合群也不一定更好）。
"简总是泡在facebook上！"	建立并加强限制，坚持执行。 要认清积极影响：在现代生活中，没有那么自然存在的社交团体。社交媒体能建立重要的归属感。
"苏茜从来都不想跟我们一起度假。"	允许他们跳过一个假期（也许，他们可以出去露营或与朋友待在一起）。 告诉他们，可以邀请朋友跟你们一起度假。 听他们说，理解他们，但也要严格要求。

2. "我觉得，我好像不认识自己的孩子！"

听到儿子好朋友的母亲说儿子的事，玛莎（Martha）都听够了。"乐队排练完，我们打电话准备搭车，"她解释说，"我听到了'杰的女朋友真可爱！他们在一起多久了？'这样的评论。我想，'你到底在说什么？！'"这种事经常发生，玛莎开始密切关注孩子跟她的分享。"我意识到，杰什么事也不跟我说。我不知道该怎么办。"可是，面对朋友的母亲，杰却一点也不隐藏或孤僻。他非常喜欢说话。

中间小孩除了强烈渴望加入同伴队伍外，还通常喜欢像"变色龙"一样。他们本性就喜欢经验开放和灵活处世。他们希望跟谁在一起，都能相处融洽，让人轻松。结果，他们通常比较容易在表面上做出改变，好让别人（也让自己）更加轻松。他们也强烈渴望加入团队。这种变色龙的行为，有助于他们融入其中。他们站在别人的立场上，更有益于理解别人。

在朋友和老师面前，中间小孩通常表露出与在家对父母时不同的个性。一位叫苏（Sue）的母亲有个5岁的女儿，是个中间小孩。她在学校与女儿的幼儿园老师开会时，随口评价道："噢，好了，你们知道格雷琴（Gretchen）的样子！她太难对付了！"。老师们一脸茫然。"我暂停了一会儿，又开始解释，"苏说，"我认识的格雷琴跟他们认识的格雷琴一点也不一样。在家里，她经常吵闹，非要按自己的想法来，喜欢大声说话，做事任性冲动。可在学校里，她很听话，受人喜欢。"

表七　父母的策略

中间小孩的典型行为举例	父母的策略
"她在我面前，似乎跟在别人面前完全是两个人。"	要明白，这是他们灵活性和社交意识的结果，不是在贬低他们和你的关系。 跟他们的老师和朋友聊聊，确保深入了解中间小孩的变化模式。

续表

中间小孩的典型行为举例	父母的策略
"我没法让萨莎（Sasha）跟我说话。"	不要强迫他们，而要不断鼓励，保持开放态度。 想办法花更多时间面对面交流。 分享你自己的故事，但不要期待回报。 对他们的感受持开放态度，愿意等他们开口。 尽量不要拿中间小孩和老大、老幺或他们的朋友对比。如果他们不觉得自己被隔离，就会更愿意分享。

中间小孩通常被认为喜欢保守秘密。可是，他们真正的做法却是，调整自身行为，较好地融入他们加入的任何团队，保证自己接触不同的人。由于中间小孩根据同行者调整自身行为，研究人员很难弄明白他们的情况。很少有研究把中间小孩单独列为一个出生顺序，也有这个原因在里面。

话虽如此，父母还是经常埋怨，中间小孩似乎对他们神神秘秘。父母觉得很惊慌。以下是中间小孩不愿与你分享的一些真实想法和你可以应对的方法：

表八　父母的策略

中间小孩可能的想法	家长的应对方法
"我总是被父母、哥哥、姐姐指挥。"	给他们做决定的机会。 经常询问他们的观点。 全家人一起时，偶尔让中间小孩主导。
"老幺什么也不用做。"	确保让你最小的孩子也承担责任。 承认你对老幺的看法。诚实有助于避免误解。
"我真的合格吗？我有擅长的领域吗？"	确保把中间小孩的照片做成相册，在屋里挂起来。 对他们付出努力或取得成就的事情，要给予表扬。 尽量不要让老大或老幺的表扬多于中间小孩。

中间小孩可能的想法	家长的应对方法
"我真的不想尝试。我可能输的。"	教育所有孩子，失败会是一个有益的学习过程。对于努力，也要给予奖励，而不只是奖励成就。分享你的冒险故事——既要有成功案例，也要有失败案例。
"我说不清自己的真实感受，所以我有时想爆发。"	创造一个可以说出自身感觉的家庭环境。询问"你怎么想"等开放式问题。如果你的中间小孩已经爆发了，等到爆发结束，然后慢慢镇静地谈论原因。
"我的沮丧是经常性的。"	通过鼓励和表明兴趣，帮助他们渡过难关。经常赞美毅力的价值。示范努力可以获得成功。重视对付出努力的表扬，无论结果好坏。

3. "我的中间小孩老在变！我快疯了。"

中间小孩通常会热爱选择的工作或爱好。他们需要花一段时间，才能投入一个专注领域。这里有许多原因。

首先，中间小孩选择爱好，要对比哥哥姐姐选择的领域。从某种意义上说，他们的选择较少——至少，他们的选择更加复杂——因为，老大已经找到了自己的位置，老二必须对此作出反应。因此，中间小孩要多加制定策略。这意味着，为了找到正确的位置，可能会犯错或走迂回路线。

其次，由于中间小孩倾向尝试新事物。他们很容易迷恋看起来有趣的活动或职业，但最终发现并不适合他们。然后，他们愿意继续前进，尝试新事物。3个孩子的母亲丹尼尔（Danielle）解释说，她排在中间的儿子乔（Joe）参加了所有的春季运动（长曲棍球、划船、棒球），直到高中才决定打网球。"我们以为他反复无常，"她说，"最后才明白，他是在尝试，直到找出真正适合自己的。"

对父母而言，他们的孩子似乎不坚定（或者更严重，他们不可靠，漫无目的）。事实上，他们的中间小孩只是在尝试不同的角色。从许多方面来说，这种倾向从长远来看，其实是对中间小孩有益的。当对成功的渴望来自内心，而不是来自外部资源刺激，人们有可能成就更大。对中间小孩而言，他们意识到能找出自己的道路，能提高自我价值感。一旦他们最终选定，更有可能真正投入精力。

关注教学实践的研究人员注意到，在决定学生成就的因素中，动机和成就的关系十分重要。当学习本身被视为目标时，有助于提升效率、成就感和好奇心。中间小孩的动机似乎是渴望掌握课程或科目，而不是讨好别人。因此，他们坚持为了学习欲望和成功欲望本身而获益。

父母可以鼓励中间小孩尝试事物，并给予必要的支持，使他们投入选择的活动。

表九　父母的策略

中间小孩的典型行为举例	父母的策略
"莉莉不会专注于任何事。"	要记住，对中间小孩而言，他们找到自我需要花时间。 给他们足够的喘息空间，让他们决定自己的专业领域。 让他们尝试不同的事物。失败会是有益的学习经历。 要明白，他们最终会找到自己的兴趣。

4."我的中间小孩让朋友随意压制。她讨厌一切冲突。"

我在前一章，就解决了这个担忧。但是，父母担心孩子受欺负也正常。他们意识到，如果孩子的友谊失衡，会造成伤害。因此，需要再研究一下。

中间小孩对朋友专注、忠诚、慷慨。送礼物的研究已经证明了这一点。虽然这些都是正面品质，但这也意味着，他们会让自己受利用。因为中间小孩不喜欢冲突，经常避免冲突，他们宁愿接受让自己不舒服的事情，也不愿小题大做。中间小孩费尽心思，适应朋友的个性；或与老师或朋友意见不合时，忘记维护自己，这也不是稀罕事。中间小孩通常看不到这一动态在起作用，而父母却能看见。

这里真正的问题是，父母可以或应该介入的程度怎样。为自己认清驾驭人际关系的必要技能——无论是在社交领域，还是在职场——对于成熟自信态度的形成至关重要。但是，有时候，大人也需要介入，帮助孩子了解现状，为他们提出策略建议。由于中间小孩非常重视友谊，他们担心失去朋友。父母要稍稍鼓励，让他们全面理解消极行为的负面影响。关键是不要攻击他们的朋友（这会让中间小孩反抗），不要攻击中间小孩（这也会让他们反抗）。在这些情况中，影响孩子行为的最佳方式，通常是不动声色：讲述你的个人经历，或找亲戚好友帮忙，让孩子打开话题。

有一个关键因素，父母必须注意：当中间小孩呼救时，他们不是谎报军情。"Virginia Institute of Psychiatric and Behavioral Genetic"针对青少年自杀行为进行过一项研究。研究人员询问的问题涉及与母亲的冲突、自杀企图、对自杀念头和抑郁症。拥有至少两个兄弟姐妹的约2000名青少年参与其中。结果显示，虽然中间小孩企图自杀的可能性，是老大或老幺的1/4，但他们中需要医药干预的，却是老大或老幺的8.5倍。我们由此看到，即便中间小孩不太可能为抓住父母的注意力，而采取极端手段。可一旦他们采取行动，就会非常严重。

我们从数据中学到两点：中间小孩不满意时，采取过激行为寻求关注的可能性很小。因此，父母要小心危险信号的迹象。中间小孩不会每次感到压抑时都说出来。当中间小孩遇到严重问题时，他们会比老大或老幺的求救更强烈。他们觉得需要帮助，就真的去寻求帮助。当中间小孩当面露出危险信号时，不要忽略。

表十　父母的策略

中间小孩的典型行为举例	父母的策略
"戴维斯（Davis）总是帮助别人。"	给孩子不同的"手稿"，帮他们说出要事/需求。 提醒他们先考虑自己的希望或需求。 奖励他们的耐心和无私。
"亚娜（Jana）总让朋友决定一切。"	给你的孩子出主意，教他们如何按照自己的意愿结交朋友。 不要直接批评朋友；这会让中间小孩讨厌。相反，给他们讲相关的故事，让中间小孩自己理解。
"山姆（Sam）不愿意找老师/朋友帮忙解决难题。"	提醒他们，人们大多是宽容的。 举出真正有助于解决冲突的例子。 表扬他们的人际交往技能。 必要时介入示范解决冲突的技能。

5. "我的中间小孩对自己太苛刻；他只觉得自己没用。"

"魔术师"约翰逊严格敦促自己，从来都觉得自己不够好。对他而言，这是取得重大成就的原因。但是，一些中间小孩对自己不满，这样会阻止个人成长，而不是促进个人成长。如果你经常与别人进行不当对比，很容易气馁。

中间小孩对成功的渴望强烈。2010年发表了一项瑞典调查，询问老大、中间小孩和老幺，对比父母、朋友和兄弟姐妹，他们有多在乎工作上的"成功"。在所有出生顺序中，中间小孩最不在乎比父母成功。（这并不出奇，因为，他们不像兄弟姐妹那样依赖父母。）谈及中间小孩，他们：

- 在工作上比兄弟姐妹成功问题上，是所有出生顺序中最在乎的。
- 在不比朋友和兄弟姐妹"赚钱少"的问题上最在乎。
- 在工作上比朋友成功的问题上，比老大在乎得多，但比老幺在乎稍多一些。

研究人员总结，父母越喜欢在孩子间作对比，子女间的相互竞争就越激烈。"这反过来可能影响教育选择和工作选择，"几位作者解释道，"也会影响成年人处理与他人的比较。"

中间小孩想赶上他人，这会给自己施加额外压力。老大想取悦父母和大人，中间小孩也想通过与同辈（朋友和兄弟姐妹）的对比，来证明自己。这本身没有坏处，但父母要意识到，中间小孩喜欢苛求自己，并多鼓励他们。而且，在中间小孩面前，如果过分对比不同的孩子，会有害于中间小孩的心理健康。

表十一 父母的策略

中间小孩的典型行为举例	父母的策略
"莉莉（Lily）总喜欢苛刻地对比自己朋友和兄弟姐妹。"	不要拿中间小孩与其他子女对比。 花时间指出他们的优点。 赞美努力，而不是赞美天才。 让他们觉得，他们是关注的焦点。（例如，不要总让他们穿别人的旧衣服！）

了解你的中间小孩

作为一名需要身心滋养的年轻运动员，"魔术师"约翰逊绝没有获得足够的关注，帮助他通往明星之路。但是，作为许多中间小孩的一个，约翰逊利用了他获得的资源——事实证明，那已经足够了。为什么？因为他父母让他感受到爱护。虽然时间和金钱匮乏，但他们创建了安全有益的环境，坚持责任和工作，培养孩子的责任心，鼓励个人兴趣发展，还一起享受乐趣。

约翰逊认识到坚持和训练的重要性，早晚都在球场磨炼技能。父母教他承担责任，表达尊重——所以，他明白，获得成功的源泉不只是天才，还有努力和愿望。约翰逊的父母把价值观传给这位中间小孩，培养了他的团体责任感和节俭品质。他在贝弗利希尔斯（Beverly Hills）用700万美元买了房子。约翰逊成为职业篮球明星，后来还投资受压迫的内城区，生意遍及91个城市和24个州。他雇用3万名少数民族成员，积累5亿多美元财富。作为许多孩子中的一个，他没有感觉被边缘化，而是将自己视为有用的、受人关爱的家庭成员。

父母的责任非常重，有时压力很大。但是，牢记全局——给孩子灌输价值观和教孩子镇定灵活地接受挑战的意愿——有助于提升父母的信心。无论对哪个孩子来说，早期学到的关键一课就是选择战场。我们知道，中间小孩的弱点在于他们喜欢自我评判，认为缺少来自父母的温暖，有时过于亲近同伴。因此，父母要特别敏感，与中间小孩建立独特的关系。如果父母不是一心追求完美，或为被遗忘的中间小孩挤出无限的时间，而是理解中间小孩的独特需求，就能大有好处。父母不要违背孩子的天性，而要接受孩子本来的样子。中间小孩就会成为积极主动的社会成员。

做中间小孩的父母

1.关注不代表一切

亲代关注不一定是孩子成功的关键。独立是关键技能，依赖会削弱力量。因此，中间小孩称比其他子女受到的关注少，这种说法没错，但缺少关注也不一定都是坏事。

2.社交生活大多数时候……是有好处的

尽管同辈压力是中间小孩的一个问题，但同辈技能和社交成功也非常重要。（父母确保也要鼓励其他孩子的这些方面。）

3.细看你的中间小孩

偶尔与你的中间小孩独处，有助于加深对孩子行为的认识。带他/她出去吃

176

早饭、逛书店，或单独载他/她出去玩。

4.通过问问题，让安静的孩子打开心扉

通常情况下，中间小孩并不是遮遮掩掩，而只是不爱说话。花时间让他们开口。跟中间小孩谈谈他们当中间小孩的经历。问问她的感受。

5.奖励你的中间小孩

中间小孩希望努力获得认同，可是，他们感觉没有受到父母足够的关注。如果你的中间小孩有些进步，就做个标志、奖章或奖旗奖励他。口头表扬孩子的进步，允许他表明进步。

6.小心危险信号

中间小孩抓住亲代关注的方式，通常不会很突然或很惊人。如果你的中间小孩这么做了，注意这是警示信号。

7.让中间小孩当老板

为了弥补你无意间对中间小孩的不公平，时不时给中间小孩掌控和决定的机会。你想去哪里吃饭？你想看哪个电影？你想玩哪种纸牌？

8.称赞是关键

中间小孩经常给自己施加很多压力，这会通过不同方式表现出来——比如发挥超常，或发挥失常。一旦中间小孩意识到，自我批评的倾向没有好处，他们通常能认识到自己的独特才能。称赞你的中间小孩，他们将快速成长。

第九章　中间小孩做父母

　　她死时，全世界都在为她哀悼——虽然她自恃优秀，有人爱有人恨，常常登上八卦小报。她给世界留下许多谈资。但是，长期以来，这位中间小孩都向两个孩子灌输积极思想。因而，人们对她的最终评价，很少来自她传奇的一生，而主要来自她亲切、独特的教育方式。

　　听到威尔士王妃戴安娜的名字，人们能想到什么？一头金色的头发，苗条的身姿，让人放下戒心、但有时又难以预测的微笑。在一个以保守著称的文化中，她算是喜欢表露感情的。戴安娜·斯宾塞（Diana Spencer）嫁入英国皇室时，刚刚20岁。她很快成为人人爱戴的王妃。

　　戴安娜有两个姐姐——莎拉和简。她母亲第三次怀孕时，父母渴望生下一个男孩当继承人，可是那次却落空了。戴安娜出生没几年，她弟弟总算降生了。作为家里唯一的男孩，查尔斯·奥尔索普（Charles Althorp）将继承家里在伦敦北部1.4万英亩的地产。戴安娜是挤在中间的三女儿，不仅要生活在唯一继承人的阴影下，还要面对父母的离异。一开始，她在两家之间来回跑。9岁时，她被送到了寄宿学校。

　　小时候，戴安娜被认为是个倔强而善良的女孩，后来也成为一个倔强而善良的母亲。她挑战皇室传统，让孩子威廉陪她去澳大利亚和新西兰旅行。然后，在孩子的问题决定上，她坚持要扮演主导角色：她为孩子选择乳母，为孩子挑选穿戴。每天，她都根据孩子的需求，调整自己的计划，而不是硬管着孩子。只要她没事，就早上送孩子上学，晚上哄孩子睡觉。等到孩子该上寄宿学校时，她认为，他们不适合去高登斯顿（Gordonstoun）不适合，而应该去伊顿公学（Eton）。虽然这一切激怒了皇室，但却让她与英国人民走得近了。因为，在家事中，她敢于做对孩子最有益的事。

我们习惯上认为，英国皇室有点冷酷无情。但是，戴安娜凭借对两个儿子的慈爱和奉献，打破了这一传统。在她逝世十周年纪念日，哈里王子（Prince Harry）评价母亲："她对我们深深的关爱，是从来没有隐藏或掩饰的。"尽管她的几个榜样是有问题的，但这位中间小孩把养育子女放在首位。即便她死时，两个儿子年龄还小，但她让孩子感受到家人给予的深爱和安心。

家庭关系

戴安娜显然不是圣人，但她完美诠释了中间小孩对亲子关系的热忱。她拥有中间小孩的许多优点（喜欢社交、有风险精神、能与不同类型的人相处融洽），但也表现出一些缺点（比如，她对自身社会角色的不安）。中间小孩的主要性格因素当然影响了她的教育方式。总体而言，有关中间小孩生活的分析，长期以来忽略了一个方面。这也就成为我们探索的有效起点——他们如何教育自己的孩子。

20世纪70年代，第一批写出生顺序的书出现，并广受欢迎。其中一本《出生顺序因素》（*The Birth Order Factor*）提出，中间小孩做父母时，比较灵活自信。而独生子女有孩子时，则常常不太关心或态度矛盾。这说明，中间小孩通常想要孩子，因为他们带过弟弟妹妹，觉得养育子女不太麻烦。我们后续调查会发现，中间小孩身上的独特性格，通常会让他们在做父母时更轻松，更平稳——他们不计较小节，会享受过程。他们不会因为过于在乎自身需求，而厌恶孩子的需求。但是，最新的研究也揭示了一些让人意外的事实。我们会深入研究。

中间小孩的新生家庭

由于中间小孩通常会受到冷遇，他们养育子女的方式不为人知，也许就并不稀奇了。至今，该领域的研究其实还是个空白。因此，我最近进行了两项开拓性的研究，以验证我的假设——中间小孩渴望建立自己的家庭，他们通常都是用心的父母。

第一项研究中，大约300位父母参与。应答者中，独生子女很少，有30%是老大，约40%是中间小孩，20%是老幺。（还要注意，按照注释规定，中间小孩是五个孩子中的老三，或六个孩子中的老四。而此前，许多中间小孩都把自己归类为"其他"。这表明，即便中间小孩成年后，通常也无法明确自己的类别。）

为了获得对育儿方式更客观的看法，我让参与者填写问卷，评价自己和另一位父母（如果有的话）。通常，在调查中，当要求应答者评判自己的性格和行为时，他们倾向于正面评价自己，而不喜欢承认自己不被社会接受的行为。在配偶或同伴的报告中，则呈现更多真相，这会让结果更真实。

此外，参与者可以对每个问题添加解释和限定词。中间小孩给出的解释数，为老幺的3倍，约为老大的两倍。这件事本身就令我着迷：显然，相比其他出生顺序，中间小孩更喜欢证明和解释自己的养育行为。在后续的一项研究中，参与者只有中间小孩。这项研究提供了大量珍贵的例证细节，使第一次调查的数据充实起来。

中间小孩喜欢当父母

"我想过要20个孩子，"苏珊写道，"我五年级就开始照顾孩子。我一直都爱孩子。要孩子就是我人生的终极目标。"也难怪，在我的调查中，大多数中间小孩参与者至少有三个孩子，有三个孩子的占40%，有四个孩子的占15%，有五个或五个以上孩子的占8%。一位叫夏洛特的妈妈解释说："我成长的家庭有三个孩子。我们家里总是来很多朋友，气氛很热闹。我有个朋友，是个独生子女。她家似乎太安静，太寂寞了。"迪安纳一开始孩子少，但却意识到，在养孩子最忙的时候，她希望换种方式："我开始想，两个孩子太多了。可是，当假期吃饭时，只有我们四个人。我知道，还是少些乐趣，就说服我丈夫再要一个。"

中间小孩成长的家庭中，通常有许多兄弟姐妹。所以，他们也会多要几个孩子，给自己的孩子类似的家庭温暖和快乐。你会发现，如果中间小孩讨厌自己的兄弟姐妹，更多人会选择少要孩子。不过，许多研究指出，虽然中间小孩与父母有些疏远，但会与兄弟姐妹形成紧密、长久的联系。

这些中间小孩是不是一直想组成自己的家庭？他们对当父母有多看重？问题的答案是绝对积极的：99%的人说，他们一长大，就一直想要孩子。"打我记事起，就想当妈妈。我从没想过不当妈妈的情况——只是有一点，我对谁当孩子的爸爸比较挑剔。"丽莎说。

我们已经确定，中间小孩通常与父母不太亲近。所以，他们能成为热心的父母，还是有点让人意外。根据咨询报告和生活满意度调查，中间小孩对孩子很专注，通常渴望多生孩子，对当父母也非常满意。研究还证实，中间小孩喜欢张开双臂，迎接做父母的责任。

养育子女是一次很好的挑战

她每部电影能挣2500万美元。为了工作，她要满世界地跑。她最喜欢的，就是和三个孩子依偎在一起。她把家庭放在第一位，跟记者公开承认说，她想要九个小家伙，在家里跑来跑去。茱莉亚·罗伯茨（Julia Roberts）可能在好莱坞影响巨大。但是，穿上运动服，一大早送孩子上学，是这位中间小孩最惬意的时候。

在"中间小孩做父母"的调查中，90%的参与者说，做父母哪怕不是他们最重要的追求，也对他们意义重大。

在过去的几十年，在工作与家庭生活中找到平衡，成为许多现代女性认真思考的问题。过去，许多父母在家干活——即使回到女人狩猎和采摘的时代，她们也要带着孩子。因此，现代女性与当前家庭动态产生冲突，也没什么可奇怪的。因为，她们在外的工作，对家庭动态影响巨大。中间小孩做母亲也不例外。

在性别硬币的另一面，男人喜欢当父亲是因为，即使他们没在家亲身体验，也把当父亲本身就视为成就。渐渐地，男人调整以工作为中心的生活，更加彻底地接受家庭生活的方方面面。但即使如此，男性中间小孩有孩子后，对养育子女的投入，会比其他男性多。问到最关心的事情，中年的银行家（中间小孩）乔纳森说："我这辈子最大的成就是当上父亲和婚姻美满。"这是许多中间小孩的共同想法。

在研究中，我提出一个问题，要拥有个人满足感，中间小孩需都要什么？我发现，答案呈现了意想不到的模式。许多中间小孩解释说，他们相信，健康关系和养育子女一样，是成就感和幸福感的关键因素。"我认为，作为丈夫的得力助手和当母亲的角色一样重要，"简写道，"我经常想，等孩子长大些，我养育孩子时做的决定，会不会影响他们。当我能自信地做决定时，我的'个人满足感'就会增强。"

我们看到，中间小孩是忠诚的朋友和伴侣，这也体现在他们对家庭生活的感情上。中间小孩专注于他们的孩子。他们意识到，稳定幸福的伴侣关系有益于养育子女；这树立了健康关系的好榜样。"父母给孩子最好的礼物，"茱莉亚·罗伯茨说，"就是在他们面前爱护彼此。我是城里最幸运的女孩。真的是。"

尽管戴安娜王妃的婚姻失败了，但从她的例子中，我们看到，一个过去被忽视的中间小孩决定，不要忽视自己的孩子。虽然她还有其他要紧事务，但她把孩子放在第一位。她对两个儿子的奉献精神，是英国皇室前所未见的——戴安娜王妃与查尔斯王子分开后，威廉王子和哈里王子的一位保姆轻蔑地评论："我给他们（孩子）的，是眼下需要的新鲜空气、步枪和马。她（戴安娜）给他们的，是网球拍和电影院里的一桶爆米花。"

但是，他们的母亲也许意识到，对于公众焦点下的孩子而言，安静的活动和让人安心的食物——和与母亲的独处——是他们感受安全和爱护的所需因素，是没有其他附加条件的。

育儿方式的摇摆不定

如果从理论上讲，中间小孩喜欢当父母，那在现实中，他们又会成为什么样的父母呢？从总体上近观育儿方式，有助于我们看清中间小孩具体在什么位置。

在20世纪60年代中期，临床心理学家、发展心理学家戴安娜·鲍姆林德（Diana Baumrind）将育儿方式分为3个典型，以理解方法中的主要差异。以下是三种基本方式：

    1.放纵型

    2.独裁型

    3.命令型

为了深入理解，我们先来看看马萨诸塞州来的一对夫妻史黛西和菲尔。冬至前后，史黛西的女儿菲比还不穿冬衣。17岁的她很倔强。哪怕外面堆的雪快一米深，每条路上都结了厚厚的冰，她还是非要穿着夏天的裙子。根据不同的育儿方式，史黛西和/或菲尔处理这种情况，可以采取三种截然不同的方式。

场景#1

菲比穿着向日葵花裙走下楼。

"亲爱的，你不冷吗？"史黛西皱着眉问。

"我不冷，妈妈。"菲比回答。

"我早就告诉过你：冬天不要穿夏天的裙子，对吧？看看我穿的什么。"史黛西指着身上的羊毛衫和厚毛衣。

"可我不喜欢你的穿法。"菲比说着，在厨房桌边坐下来。

菲尔递给女儿一盘炒鸡蛋。

"呸，爸爸，这鸡蛋还在流汤。"

他拿回鸡蛋，放在煎锅上，快速搅拌。"我觉得，你有自己的风格很棒，宝贝，"他说，"可我怕你冷。"

"我不冷！"菲比几乎喊出来，"我喜欢这件裙子！"

史黛西长叹一口气，和丈夫对视了一眼。他们上班快迟到了。"你至少穿件毛衣，我就在上学路上给你买油炸圈饼。"

史黛西和菲尔是放任型父母。他们不喜欢惩罚菲比，而喜欢奖励她。当他们制定政策决定和家庭规则时，喜欢得到菲比的同意。他们没想过让女儿打扫或帮忙做早餐，因为，他们把自己看成女儿随意使用的资源，而不是塑造女儿行为的负责人。此外，他们运用理性和技巧实现自己的目标。但是，如果方法行不通，他们很容易认输。

近几年来，放纵型育儿方式又分为两组，更好地反映了根本动机：迁就式放纵和疏忽式放纵。疏忽式放纵害处最大。父母给孩子许多自由，却很少监督。他们不会花许多时间与孩子交谈，通常缺少亲切的鼓励和交流。相反，他们的行为向孩子暗示，对成年人而言，其他活动比养育子女重要。这导致孩子自我价值感低。他们显示出较差的自控力，无法自立。

相比之下，迁就式放纵是指，家里的需求水平低，而父母的反应热情高涨。这其实有助于形成强烈的自信。但是，从长期看来，孩子吸毒和犯法的问题更多。迁就式放纵的父母表现出亲切和鼓励的行为。孩子在行事和选择时，父母会给予很多自由。今天的许多父母喜欢放纵式养育。他们更喜欢视自己为孩子的"朋友"，而不是规则和命令的施行者。这部分是因为现代文化的灵活性。我们很少还能与童年朋友走得很近，而更倾向于从直系亲属身上寻找失去的友情。

放纵式父母的孩子通常：

· 控制情绪有难度；

· 非常自信；

· 可以任意犯错，更易于弄清自己到底是什么人；

· 当他们的要求受到挑战时，就会反抗和挑衅；

· 面对挑战时不会坚持。

场景#2

菲比穿着向日葵花裙走下楼。

"亲爱的，这条裙子很丑。外面可是冬天！"史黛西皱着眉说。

"我喜欢这条裙子，妈妈。"菲比回答。

"谁冬天穿这样的裙子啊。你不想让其他孩子觉得你是个怪人吧。把上周买的那件羊毛衣换上。看看，我就穿了一件类似的，很漂亮啊。"史黛西指着身上的羊毛衫和厚毛衣说道。

"可是，我不冷，妈妈。"菲比几乎是喊出来的。

菲尔转过身，用木勺使劲地敲桌。"别说了，要不晚上别看电影。"

"对不起，"菲比立即回道，"可那件穿上扎人！"

"去拿盘子摆饭桌。我不想让你去学校穿得像个流浪汉。"

菲比踩在椅子上，从洗碗机的架子上拿盘子。她爸爸继续搅动煎锅上的鸡蛋。"这样的早上真费劲，"女儿下来时，他愤怒地对女儿说，"你穿裙子时，就不能动动脑子吗？"

史黛西长叹一口气，和丈夫对视了一眼。他们上班快迟到了。"我们比你多活那么多年，"她说，"我们知道什么好。"

在这种情况下，史黛西和菲尔是独裁者。他们给女儿设定了一套行为标准。从方方面面上来说——无论是学术角度，还是社会角度——他们对比这个标准，塑造、控制并评判她的行为。顺从是一种美德；当孩子的行为或信仰与父母认定的"合适"行为起冲突时，他们就会用惩罚或强迫的手段，限制孩子的任性和自由。他们信仰责任、工作和命令。他们不喜欢，也不支持口头妥协。

独裁方式根源于传统。它通常的动机是，认为孩子要知道谁是老板。在与成年人价值起冲突时——它鼓励尊重和顺从，阻碍个性表达。一般情况下，独裁型家庭缺少温暖，更喜欢惩罚，而不是奖励。

在独裁型家庭长大的孩子通常：

- 学习成绩好；
- 不会做违背社会的行为，如吸毒和滥用酒精；
- 性格焦虑孤僻，或表现出挑衅行为；
- 缺乏社交能力；
- 遇到烦心事时反应消极（女孩倾向于放弃，男孩变得敌对）。

场景#3

菲比穿着向日葵花裙走下楼。

"亲爱的，你看外面的天了吗？你会冻坏的。"史黛西皱着眉说。

"我不冷，妈妈。"菲比回答。

"上周，你回家穿着沙沙的毛衣。你那时候不冷？"

"没错，可是，这次不一样——"

"有什么不一样？"史黛西问，"我不想你上学分心，因为你嘴唇冻紫了，浑身都是鸡皮疙瘩！看看我穿的什么，既漂亮又暖和。"史黛西指着身上的羊毛衫和厚毛衣说道。

"噢，我不喜欢你的穿法。"菲比几乎喊出来，在厨房桌边坐下来。

"听好了，你不用喜欢我的穿法。可外面下雪了，你得穿暖和了。"

菲尔递给女儿一盘炒鸡蛋。

"呸，爸爸，这鸡蛋还在流汤。"

"那就抹在面包片上，口感会好些。记得吃完把盘子放进洗碗机里。知道吧，你会冻着的。你得换衣服。"

"我喜欢这件裙子！"菲比说。

史黛西长叹一口气，和丈夫对视了一眼。他们上班快迟到了。"裙子很漂亮，你可以夏天穿，"她说，"换件别的，只要能盖住四肢。要不然，就穿衬衣和毛衣。"

最后这种方式被认为最有效：它表现一种命令的态度，既不完全死板，又不完全放任。在这种情况下，父母试着指导菲比的行为，但只是就事论事。口头上有妥协，也有解释。下命令的父母对自主意识和纪律服从都很重视。当父母与孩子意见不一时，史黛西会施加控制，但不会过分约束菲比。她和丈夫认可孩子的特质，但又设定行为标准。他们用合理原因和影响力实现目标——也就是，让菲比穿暖和——但又不依赖集体共识或孩子的个人意识做决定。

通常情况下，命令型父母的孩子：

· 拥有活泼开朗的性情；
· 拥有自信，相信自己的控制能力；

- 拥有控制情绪的优秀能力；
- 相比放纵型父母或独裁型父母的孩子，拥有更出色的社交技能；
- 对于按性别划分的特质，看法不会那么刻板（例如，男孩的敏感和女孩的独立）。

中间小孩适合的地方

他的母亲是一位家庭女教师，父亲跟他很疏远。可当查尔斯·达尔文（Charles Darwin）有了孩子时，他积极承担起父亲的责任。跟维多利亚时代的其他男人不一样，他很关心孩子的生活，几乎每天都在日记上写孩子的故事。他自己是个中间小孩。他有六个儿子和四个女儿（三个孩子小时候死了）。"他总让我们觉得，他重视我们每个人的观点和想法，"他儿子弗朗西斯写道，"如果我们呈现过自己最美好的一面，都是因为他洒下了阳光。"

自然，中间小孩做父母时，并不都是一样的。但是，想到他们主要的个性特质——对朋友的关爱、出色的谈判技能、对正义与和睦的追求——我们认为，在所有出生顺序中，他们是最喜欢命令型育儿方式的，这也是讲得通的。像达尔文这样的父母为孩子付出许多时间、关注和爱护，让孩子展现自己的个性。他没有遵循"孩子要看好，不能听孩子说"的老话。显然，作为一名中间小孩，他一定会被认为更偏向命令型，而不是独裁型。

但是，我的研究表明，中间小孩做父母的方式，并不全是这样。

有意思的是，中间小孩表现得比老大和老幺都偏向纵容型。在老大的情况中，这没什么好奇怪的。根据我们对老大的了解，在他们管理的家庭中，父母应该是毫无异议的决策制定者。但在老幺的情况中，中间小孩比他们的纵容程度高得多，这让人吃惊。无论父母的自测报告，还是对伴侣的评价报告，都得到这样的结果。

关于原因，有一个答案提供了一条有趣的线索。"尽管我们要求严格（相比我们认识的许多父母，不包括我们自己的父母），"一位匿名的应答者解释道，"让我们执行纪律也不容易。不是因为我们不想，或我们看不到纪律的价值，而是因为，孩子们太闹腾了！"涉及家里的纪律时，看到事物正反面的能力会让中间小孩左右摇摆。因为中间小孩倾向于反对独裁，极不可能坚持按自己的意识做事。这意味着，有时候，他们的小孩自作主张的机会太多了。

在这里要记住，纵容也分不同的类型，对家庭有着不同的影响。疏忽式放纵对孩子有害。没有研究表明，中间小孩会忽视孩子。相反，我的数据显示，中间小孩养育子女时考虑周到，热情非常。中间小孩做父母时，与其说是粗心，不如说是迁就。这很符合他们的个性：虽然在成长过程中，他们不一定获得需要的关注，但是，一旦成为父母，中间小孩就会给予孩子所需的关注。

不过，这也有不利因素：中间小孩会迎合孩子的需求或愿望。因此，如果父母是中间小孩，就可能允许小菲比雪天穿向日葵花裙。这不是因为他们不担心女儿会不会冻坏，而是因为女儿的强词夺理，让他们受到了过多影响。他们无法毫无负罪感地无视她。他们甘心不做权威人物，让七岁的女儿做主导，因而归为放纵式养育的类型。

容易被忽略的细微差别

在子女养育方法上，没人是绝对的。因此，我设计了一项调查，针对不同的育儿方式，让参与者评判自己的遵循程度。例如，面对"我们的孩子问为什么他/她要听话，我说：因为这话是我说的，或我是你的父母，我想让你听话"这样的问题，应答者可以表明，他们有多赞同，或有多不赞同这个陈述。如果他们打高分，就意味着他们偏向独裁型（即严格型）育儿方式。

还有一些问题，用来调查与其他出生顺序相比，某个出生顺序的命令程度或纵容程度的高度。（例如，"我向孩子解释，我们对孩子选择或行为好坏是什么感觉。当孩子无理取闹时，我会给孩子让步。"）同时，可以添加注释，详细解释答案。在说明中间小孩比其他出生顺序有多偏向纵容时，这一点尤为重要。

从这类问题的答案来看，育儿方式主要有四类影响：

1.在所有出生顺序中，老大最喜欢独裁，中间小孩最不喜欢独裁

老大高度重视命令和安全，他们敬仰权威。因此，相比其他出生顺序，他们更有可能治家严厉。可是，这是效率最低的育儿方式。因为，孩子无法为自己的行为和选择承担责任。比如，在场景#2中，在独裁型母亲的命令下，菲比很可能去换上扎人的羊毛衣，可她不会明白原因，也不能接受原因。再碰到这种情况时，她自己就看不清哪种意见最明智。相比之下，无论是自测报告，还是对配偶的评判报告，中间小孩在这个量表上都是评分最低的。换句话说，他们最不可能让孩子做"我让你做"的事。

2.在纵容程度和命令程度量表上，中间小孩得分比其他人都高

命令是养育子女的积极方法，而纵容型育儿方式则非常有害。这一复杂的结果意味着，中间小孩做父母时，比老大或老幺更有可能让菲比按照自己的意志穿夏装——或者，他们也许会坚持与孩子交流意见，确保她明白并赞同父母的理由。想让一个孩子事事赞同是不可能的。因此，中间小孩宁愿选择退让，而不是在他们没那么看重的事情上拼死力争。

3.但是……中间小孩的命令程度比纵容程度深

由于问题评分是根据不同量表进行的，我们看到，对中间小孩而言，命令型刺激比纵容型刺激大。他们不太可能让菲比大冷天穿着棉质背心、裙，就往学校跑。更有可能的情况是，他们会让"反叛者"菲比接受冬天穿暖的智慧。

4.自测报告的答案偏于积极

没人喜欢承认自己是失败者。结果，自测时，应答者的表述偏向于比实际情况积极。这种情况意味着，在有消极含义的问题上，实际得分可能稍低。谁愿意承认，他们让7岁的女儿当家决断呢？在放纵型量表上，老大和老幺可能比实际打分低——也就是说，中间小孩可能不像数据显示得那样偏向放纵。

改变赛场的因素

拥有四个孩子的一家人围坐在饭桌前共享晚餐。他们是非裔美国人，住在佐治亚州，14岁的女孩苏莉亚嚼着口香糖跑进来。她把包扔到地板上说："我的盘子呢？我快饿死了。"

她母亲从桌前站起来，拍了她脑袋一下。"你立马给我把口香糖吐出来，"她说，"你去哪儿了？我跟你说过，6点必须回家。你这周别想再出去了。"那天晚上，苏莉亚躺在床上回想母亲的话。她不喜欢被禁足。但是，得知母亲时刻留意她在哪儿，她感到安心。

另一家用餐时，一位亚洲母亲红着脸站起来。她俯视14岁的儿子哲，说："成绩不够好，我希望你下次考试表现更好。"男孩戴着厚厚的眼镜，左耳戴着耳饰。他礼貌地点头，低头吃饭。他很遗憾让母亲失望。但他没有感到生气或挫败，而是过一会儿上楼写作业，还在数学上多花了点时间。

这两家的父母表达对孩子的关心时，方式是截然不同的。2008年，维克森林大学（Wake Forest University）的一项研究观察了青少年对母亲关爱的感知。什么能让青少年意识到母亲的关心？是父母养育子女时注意与孩子配合，询问孩子的观点吗？是父母处事独裁，让孩子感到被保护和安全感吗？这一点意义重大，因为它提醒我们关注，一个人养育子女的方式受到许多不同因素的影响——还有孩子是怎样理解的。

为了比较不同类型的家庭情况，研究者调查了300名欧裔美国、亚裔美国和非裔美国青少年。他们发现，在每个家庭中，对父母育儿方式的理解是不同的。非裔美国人家中类似的苛刻纪律被视为"不是没有道理"，能保护孩子。亚裔美国儿童不指望与父母一起决断，因而能从容面对严格的父母控制行为。尽管子女养育的观点差异很大，但孩子理解的母亲关爱相差不大。例如，命令型育儿方式与孩子感受到的母爱多少之间，没有直接、正向的关系。

在苏莉亚的例子中，尽管母亲严厉批评了她，但苏莉亚没有感到受攻击或被轻视。相反，她把这种行为理解为母亲的关心。因此，即使是独裁型育儿方式，也不一定被负面解读。对有些群体而言，这是更常见的育儿方式，孩子也把它视为一种爱护方式。在这些情况中，最重要的是投资的水平，而不是投资的类型。

因此，直接根据群体规范，形成以孩子为中心的协作型育儿方式是非常重要的。这通常是由种族特点决定的。每个人做父母时都不一样。文化也会产生重大影响。

命令型和纵容型育儿方式（中间小孩都有表现）的关键特征是亲切。可是，由于中间小孩来自不同的种族背景，他们的习得行为可能战胜本能，这也并不总是坏事。这一点我们可以从斯文（3个孩子里的中间小孩）的例子中可以看到。他跟妻子安娜（两个孩子中的老幺）养育了4个孩子。问到他的育儿方式，斯文先是犹豫了一下，然后做出了详细解释。他成长于加州一个瑞典家庭中。他习惯了父母的关爱，但却并不亲近。"我们不经常说'我爱你'，"他解释说，"但我们经常用行动表示。我们一家人在一起的时间很多。"

谈到公开表达关爱，他的天性是有些冷淡的。但作为中间小孩，由于他小时候经常感觉"被无视"，他更倾向于给孩子许多关注（写作业、玩游戏和家庭日常）。他妻子安娜是个老幺，因此，她对孩子比较热情，甚至有点溺爱。结果，为了弄清自己想要的育儿方式，斯文比许多父母都费劲：他想把童年学到的哪些传统传递下去？他想怎样补充安娜的方式？对孩子既表达关爱，又不过于情绪化，他能做到吗？

我们谈到三种育儿方式的特征，用菲比的例子来说明，从某种程度上有助于突出育儿方式的利弊。不过，这样的分类是有局限的，对中间小孩而言尤其如此。中间小孩是复杂的，通常由于他们受到的教养，而呈现矛盾的内在刺激。他们可能倾向于过度溺爱孩子，但他们也知道这不是有效的策略。

妈妈还是爸爸？大不相同

如果中间小孩的你不是妈妈，而是爸爸会怎样？你的育儿方式——无论你是更喜欢独裁，还是更喜欢放纵——会因为你性别的不同，而呈现或多或少的差异吗？在一项研究中，300名九年级和十一年级的学生被问到家庭生活的问题。他们的答案涉及自尊水平、生活满意度和抑郁程度。结果显示，孩子对命令型母亲的评价，比对放纵型母亲的评价高。命令型母亲有助于形成自尊水平高、生活满意度高、抑郁程度评分低，而放纵型母亲则会对自尊水平和生活满意度产生消极影响。

但是，针对父亲的调查结果却是截然不同的。在高中生眼中，纵容型父亲比纵容型母亲的消极影响少得多？为什么？"可能是因为，父亲在孩子的一生中扮演较为有趣的角色，"作者说，"纵容型父亲有助于父亲角色的扮演，因此不会像纵容型母亲那样干涉孩子的利益。"

此外，一份文献综述回顾了1996年至2007年研究青少年药物滥用的论文，指出"如果父母与孩子性别相同，他/她的育儿方式与自我调节和药物滥用的关系最紧密"。换句话说，假设一个中间小孩是男性，他的孩子全是儿子，还是全是女儿，对家庭的影响是不同的——如果这个中间小孩是女性，她对孩子的影响也是同理。

许多家庭是由一对父母共同管理的——大多是一父一母——他们不同的育儿方式通常会相互弥补。（我们从斯文的例子中，大体能看出来。）而且，即便是两个中间小孩结婚，做父母的方式也不会完全相同。他们也不必为了成功这么做。我们在下一部分会看到，良好育儿方式的促成特点表现在许多不同的方面。如果两个中间小孩一起做父母，虽然他们的核心原则一样，但也会承担起不同的责任。同样，一个中间小孩加另一个出生顺序做父母时会发现，父母表现出来的性别差异、种族差异或出生顺序差异，可以用来发挥孩子的优势。关键在于，弄清楚对你的家庭、关系和孩子最有益的是什么。对中间小孩而言，在养育子女的道路上，认清自己的包袱，知道什么时候放下包袱，什么时候拿起包袱，能给他们带来力量，让他们成为孩子眼中的优秀父母。

中间小孩能在多大程度上满足孩子的需求

尽管这位中间小孩是世界上最有钱的人之一，但他小时候的学习成绩常常是C和D。现在，虽然他身价400亿美元，但他仍穿着已经弄皱的西装，住着1957年花3.1万美元买的五居室里。他承认最爱喝樱桃味可口可乐。长久的婚姻给他留下3个成年子女：苏珊、霍华德和彼得。

沃伦·巴菲特（Warren Buffett）是冒险家、传奇的演说家、果断的实干家、踏实的追梦者和用心实在的父亲。作为著名的"奥马哈先知"，他用中间小孩的独特品质来抚养孩子。但是，和戴安娜·斯宾塞王妃不一样，巴菲特最为人称赞的是个人亲和力，懂得为他人考虑。公众认为，他作为一个出色的父亲，是无人能及的。我们把他看作一位非常成功的商人，能给孩子提供前所未有的机遇。人人都说，他的孩子长大后会幸福、有成就和适应环境。虽然出生时就享有不可思议的特权，但他们似乎也能明智地做出正确的决定。那真是一次辉煌的成就。

在养育子女的方法上，沃伦·巴菲特和戴安娜·斯宾塞这两个中间小孩有什么共同点呢？两人都克服了特殊困难，培养了孩子强烈的个人价值感，让孩子打好基础，不断进步。并且，无论身边多么纷纷扰扰，他们很显然都非常满足（在戴安娜王妃的例子中，她要掌控非同寻常而又高调的私人生活。在巴菲特的例子中，他要管理巨额的财富）。尽管他们拥有现代文化中的标志性地位，无限的财富和权力，截然相反的生活方式，两个中间小孩都被视为养育子女的榜样。

那么，养育子女的成功，需要具备什么核心因素？最关键的特质——巴菲特和斯宾塞也展现过其中一些特质——可分为五个关键要素。我们会看到，中间小孩有时符合这些重要的要求，有时不符合要求。

表十二　养育子女时最关键的特质

积极特质	消极特质
无条件地付出爱	根据孩子的行为或表现投入关爱
把每个孩子当成一个独立的人	按照自己的想法改造孩子
在不会逻辑失控的情况下为别人考虑	观点强硬，或情绪失控
用创造力和灵活性解决问题	控制欲过强，允许消极"场景"扩大影响
展现个人自律，言行一致	缺乏组织和纪律，反复无常

1.给孩子无条件的爱

哈里成长于路易斯安那州，家里有七个孩子。他是倒数第二个孩子，两个男孩之一。他建立自己的家庭，搬到东边，有了三个爱运动的儿子后，他非常高兴。哈里一直喜欢运动，尤其是篮球和长曲棍球。周末，他都会和儿子一起享受运动。能做一位积极、细心的父亲，他很自豪。

哈里的大儿子迈克尔15岁那年春天，周末的长曲棍球比赛开始少了很多乐趣。"麦克就不想努力。我从他跑的样子就看出来——或者，他根本就不跑。"哈里解释说。下一个长曲棍球赛季到来的几周前，迈克尔爆发了。他想放弃，他不喜欢长曲棍球，也从没喜欢过，这让他父亲吃惊。为了让儿子提高技能，哈里投入许多时间、精力和金钱。"他说不喜欢的时候，就像是对我的一次打击，"哈里说，"但我很快意识到，这其实是最好的办法。"

回想上一年的情形和迈克尔毫无生气的态度，哈里明白，儿子没有真正的内部动力，永远也不会爱上或擅长这项运动。他们很快地转变了。尽管哈里显然怀念周末运动的时光，但他其实感到自豪，因为儿子把注意力转移到其他兴趣上，能获得更多满足感和成就感：在乐队弹吉他。

对于一名中间小孩而言，哈里的行为是反常的。麦克长曲棍球打得好，他给孩子许多爱。当麦克无法达到期望时，他还继续爱孩子。这就是无条件的爱。

无条件的爱对孩子的影响是否完全正面？大众的观点是不一样的。在上一章，我们谈过，只看成就，而不看努力就轻易表扬，会产生消极后果。大多数独裁型父母相信，克制对小孩的关爱——比如说，在隔离处分阶段——是培养礼貌和自控力的宝贵方式。但是，等过了学走路的那几年，孩子不再给自己带来直接危险（给别人带来麻烦！）时，无条件的爱会为健康积极的父母—子女关系打下基础。如果父母是中间小孩，他们天生会毫不掩饰地关爱和支持孩子。

2004年，两位以色列研究者和一位美国动机心理学专家想弄清，将表扬当控制机制有什么影响——不仅要测试它是不是有效的父母策略，还要测试它有什么长期影响。不出所料，他们发现，如果父母根据条件赞美孩子，孩子的行为更有可能符合父母的愿望。但是，这种顺从损失很大：这些孩子会怨恨父母，说他们不能做出"真实的选择"。此外，一旦他们取得成功，幸福感也是短暂的，他们经常觉得心虚。

在另一项研究中，研究者采访了成年子女的母亲，考察有条件的爱对几代人的影响。如果母亲小时候觉得，只有符合父母的期待，才能获得爱。她们长大后，自我价值也会偏低，自己也会成为喜欢控制的母亲。而且，她们的女儿意识到，母亲的关心也是有条件的。女儿们讨厌母亲这样——因此表明，消极性会从一代人，传到下一代身上。尽管有条件的关心有助于年轻人适应社会，但也会对家庭产生消极影响——影响到个人心理和家庭动态。研究者强烈呼吁，要使用更加自主的方式。

我们调查中的一位中间小孩说，"人人都要理解别人的期待，还有明白为什么。我不推崇盲目的顺从。那不是有利的激发因素……（孩子）需要知道为什么。他们需要从内心感受到，否则，他们最终也不会服从。"

跟其他出生顺序相比，中间小孩不太可能把表现作为爱的附加条件。他们觉得，他们在小时候，为了获得关爱，要付出更多努力。因此，他们不想自己的孩子也要那么做。而且，屈从权威会让他们不舒服。所以，让他们在家独断专行，他们也会不舒服。但是，我们会看到，这引发了一系列话题。

执行纪律时可能很危险

无条件爱孩子，不等于满足孩子的所有需求，也不等于允许孩子的不良行为。因为中间小孩非常容易全身心地接受孩子，能从多个角度看待一切，所以，他们会觉得让孩子服从纪律很有挑战性。

问到"你觉得做父母最大的挑战是什么？为什么"，我调查中的大多数应答者都说，会为毒品、性行为、媒体和开车等担忧。但是，紧随其后的就是惩罚。一位做母亲的中间小孩解释说："我做母亲最大的挑战是执行纪律，可能是因为，我喜欢让别人开心，希望人人快乐。"另一位写道："我在家里被称为'容易对付的人'。"

但是，让孩子相信无论怎样，你都会关爱和支持他们，同时又适时地表达失望，也是行得通的。过分的表扬或盲目的接受——尤其是没有正当理由时——从长远来看弊大于利。

2.把每个孩子当成一个独立的人

十几岁时，谈到职业梦想，她和母亲意见不合，几乎能让她和母亲打起来。17岁时，她离家住进了一个舞蹈工作室。几年来，这位中间小孩和母亲甚至都不说话。詹妮弗·洛佩兹（Jennifer Lopez）是三个孩子中的二女儿。她强烈地渴望成为明星，坚持跟随自己的意愿。她生长在一个罗马天主教家庭中，服从规则是必须的。但当她开创事业时，坚定了自己的立场。

中间小孩不会为了达到目的而装模作样。但是，他们通常坚持别人当自己是独立的个人。如果他们的兴趣没有得到尊重，他们通常会最终疏远家人。因此，中间小孩有了自己的孩子后，就喜欢把孩子看作独立的个体。大多数儿科医生和儿童心理学家都赞同这一点：没有两个孩子是一样的。所以，每个孩子都要区别对待。"在每个问题上——规则、期望、家务、责任、奖励和惩罚——父母必须制定个性化的育儿方式，又要一视同仁。"美国儿科学会（American Society of Pediatrics）宣布。

不考虑孩子的个性，对每个孩子都有相同的期待，会产生负面作用。在洛佩兹的例子中，她的家人理解她对舞蹈和表演的热爱。但是，他们又过于担忧这种生活方式，因而无法支持女儿的选择。理想状态下，每个父母都会根据孩子的兴趣和天赋，评估孩子行为的利弊。有充分证据表明，在受到自身愿望和兴趣刺激时，他们会取得成功。正如儿童心理学家玛德琳·列文所说："自我是在父母与孩子交流的严酷考验中产生的。每当我们鼓励探索、赞扬独立和要求自控时，我们都是在帮孩子找到最好的自我。"

在我对中间小孩的调查中，最意外的一个发现是，当他们有三个或三个以上的孩子时，他们对待自己的中间小孩时，跟对待其他孩子没什么区别。答案一致地反映出，中间小孩做父母时，会非常努力地评估每个孩子的个性，但不会溺爱自己的中间小孩。几乎100%的答案认为，每个孩子都是独特的："我的三个孩子就差异很大。我和他们每个人的关系，以及对每个人期待也不一样，"丹妮尔写道，"我对我的中间小孩、我的唯一的女儿期待更高。因为，我感觉，她比我的大儿子更有能力。我惯着老大，因为他总是很需要关心。小儿子是家里的'小疯子'，我总是跟他玩得很开心。"从童年经历中，做父母的中间小孩学会如何顺从孩子的天性。

3.拥有移情能力

看着孩子难受是父母必经的煎熬之一。布莱德和妻子苏珊打算从乡村的农舍，搬到市郊的公寓里。这样，苏珊上班就不用花那么长时间了。他们13岁的女儿莉莉认为，这是她听到最烂的想法了。

像许多青少年的父母意愿，布莱德和苏珊与孩子关系紧张。但是，苏珊作为独生子女，在处理女儿的情绪波动时，比布莱德更费劲。布莱德家里有5个孩子，他是老三。

一个周六，苏珊和莉莉谈到搬家时大吵起来。莉莉愤怒地反抗，辱骂妈妈，还大喊大叫。最终，苏珊受不了了，离开了家。后来，该吃午餐了，夫妻俩在摆放餐具，儿子走进用餐室。

"我不知道莉莉怎么了，"他说，"她躺在地上一动不动。"

哭了一整天，莉莉累坏了。她一想到要离开童年的家，就难受得不得了，就暂时失去了意识。苏珊还在生气，觉得莉莉操控意识太强。她们吵完架后的两周，苏珊几乎都不跟女儿说话。

不过，布莱德的方法是不同的。他理解莉莉的不安。虽然他不喜欢她对母亲的态度，但他也知道，那是对事不对人的。他很会为别人着想，同时也认为他的要求会获胜。那天晚上，他叫了救护车，坐在莉莉旁边，对她表示同情和理解——但是，在搬家的问题上，他的观点还是跟妻子一样。他和莉莉开始私下里谈论怎么回事。他对莉莉说，他明白她的感受，这让她反抗没那么强烈了。

尽管父女俩也有起起落落，但这位中间小孩的情感思维让他走近了女儿。看清这一点很有益处。而他妻子无法与女儿形成情感联络。在做决定、施展自控力和完成任务时——拥有理性思维很关键——能看到情感见识的价值也很重要。《情绪智力：为什么情商比智商重要》（*Emotional Intelligence: Why It Can Matter More Than IQ*）15年前出版，现在是第十版。在这本书中，作者丹尼尔·戈尔曼（Daniel Goleman）首次提出，"如果没有情绪智力，智力无法发挥最佳作用"。在我的调查中，几乎95%的参与者指出，他们对孩子最重要的责任是教他们"懂得回馈""尊重别人""当诚实公民""有同情心"和"会为别人考虑"。中间小孩看到了移情能力的价值。

拥有移情能力有助于改善交流，体会孩子的感觉，避免误解和妄下结论。如果父母懂得移情，思想开放，再坚持纪律，孩子就会表现出色。

当你遭遇百般痛苦时

孩子挫败或烦恼时，能为孩子考虑是一回事。卷入青少年的情绪变化是另一回事。今天的父母通常会让孩子免受痛苦和失败，部分是因为他们与子女走得很近。他们认为，有义务处理路上的每一次坎坷，想要处理或避免每一丝痛苦。懂得移情的中间小孩做父母时，让他们站在一边，知道什么时候放松控制，什么时候发号施令，这是颇具挑战性的。

如果你过于喜欢移情，就做不成事。比如，布莱德有时会对女儿的需求让步，但却对两人都没有好处。

过于喜欢移情的父母会遭遇焦虑、抑郁和疲惫。但是，无论前方的道路有多艰险，都必须让孩子从父母的权威下解放出来。孩子通过犯错成长。当面对挑战或失败，他们懂得如何克服时，适应能力也会提高。如果中间小孩做父母时，觉得自己过于干预孩子的生活，就要记住这一点。然后，在每次出现状况时，他们与孩子就不用一起受罪了。

4.用创造力和灵活性解决问题

在场景#3中，菲比寒冬里穿着夏装下楼，父母就是用创造力和灵活性解决了问题。他们对她没有贬损、生气或任意支使，而是说清问题，跟她讲道理，提供备选方案，但仍坚持下命令的态度。命令型方法有效的原因在于，它肯定了孩子的内在动力（不会逼她进入反抗的状态），又不放弃父母的权威。处理意外事件时，采取更加灵活开放的方法，使父母能解决每个人的困境，并想出针对特殊情况的合适方案。

相比之下，独裁型父母比较强硬，不愿与孩子谈事。他们针对完全不同的情况，倾向于一概而论。他们不懂得灵活只是因为，他们有一套规则，容不得任何阴影。当孩子不遵守严格的行为标准时，他们就会严厉批评孩子。独裁型家庭出来的儿童和青少年——家里的需求多，但回应和关爱少——会在学校表现优秀，不会参与不良行为。但是，他们的社交技能较差、自尊水平较低、抑郁程度较高。

有关美国青少年的知名研究表明，从社交角度看，相比灵活型父母的子女，独裁型父母的青少年感觉被同辈认同的可能性较低。研究认为，他们自力更生的能力也较差。

在寻找解决方案时，像中间小孩这样的命令型和纵容型父母，让孩子参与讨论的可能性大得多。如果父母适应性较强，成功的可能性也就越大。避免了态度顽固和措辞消极（"我永远都表现不好""我很差劲""我永远也做不好"），犯错也会被看作学习的机遇。而且，非常讽刺的是，相比独裁型父母的孩子，如果遇到解决问题较为开放的父母，他们的孩子会更加依赖父母的道德指导。2003年，在一项来自美国、关于大学生的研究中，研究者问学生们，当面对道德选择时会找谁帮忙。拥有命令型父母的大学生说，他们最有可能跟父母说。拥有独裁型父母的学生和来自纵容型家庭的学生，更有可能去找同伴。

而且，有充分证据表明，青少年通常喜欢叛逆，远离权威。越是命令他们服从，他们越不服从，这与让他们参与讨论的结果正好相反。最终，这些年轻人必须学会自己做决定，衡量各种决定的成本与收益。对于这种动态，中间小孩的育儿方法是个好方法。

一位中间小孩说："我猜，我本性较为叛逆。因此，我比较欣赏我孩子的叛逆。我尽量不太专制。在吵架时，我通常会通过解释，而不是依靠年龄差异/权力取胜。"我们看到，中间小孩善于打破常规；如果形势要求，他们也不反对改变观点。他们倾向于讨论、倾听、衡量观点、头脑风暴后，再做决定。这对孩子是最有益的，因为他们感觉有人倾听和欣赏，哪怕是最终没按自己的意愿。这对他们将来处理工作和爱情，也是有益的：他们能更加开放地接受别人的观点，不会过于固执己见。说到底，孩子学会表达不同意见很关键。最终，在日常生活中，我们必须处理与别人的意见不一。在良性讨论中相互妥协的经验，是非常珍贵的。

5.展现个人自律，言行一致

报纸和广播到处都在传，可没人特别相信。世界第三富豪要捐出财富——不留给他的孩子们！每个人都想知道：一位父亲怎么可能背弃孩子？他的三个孩子怨恨吗？他在想什么？

"我们的孩子都很出色。但是，我要说，当你的孩子享受到一切便利，从成长环境，到教育机会，"巨富沃伦·巴菲特说，"扔给他们一堆钱不合适，也不理智。"

自始至终，巴菲特的孩子都明白诚实勤奋的价值。当然，没钱可分的父母也有很多机会，可以教会孩子沉着冷静和自律。日常活动反映着父母的风格、偏爱和价值观。孩子是敏锐的观察者。"跟我学"模式用在孩子身上最合适。最近有一项有关430位青少年的研究，将孩子行为与对父母行为的感知直接联系了起来。

孩子需要并渴望一致性。纪律使孩子能够处理成人派给他们的无数责任。纪律鼓励孩子形成自我价值，教他们可靠和努力的价值。纪律阻止了这种看法：世界总是欠我们的，我们应该及时收获回报。在《正向推动》一书中，詹姆斯·泰勒解释说："学会推迟'及时满足'的孩子自信果敢，能积极应对挫折。他们还会自我激励，面对障碍能坚持下来，在压力下不太容易崩溃。"

和其他父母一样，中间小孩做父母时也会展现人性。完全靠控制和时时讲纪律是根本不可能的。中间小孩要像其他出生顺序一样，做前后一致、懂得克制的榜样。凯文是一个大家庭的中间小孩。他说，他对四个孩子的首要责任是"让他们培养能做出人生正确选择的推理技能。从小时候起，他们就要自己看清问题，做完选择要么收获奖励，要么承受后果。"为了这样做，他努力在日常交流中做好示范。

正如一位中间小孩所说："如果你不能说到做到，就不要尝试和光说不练。"

中间小孩值得模仿

浪漫的男女青年通常要感谢父母对爱情和婚姻的看法。以英格兰未来的国王威廉王子为例，他似乎继承了母亲的幽默感、好交际和对爱的敬意。与相处多年的女友凯瑟琳·米德尔顿（Catherine Middleton）共游非洲时，威廉在背包里藏了一枚求婚戒指，等待合适的时机求婚。这就是那枚恶名在外的蓝宝石钻戒，以前属于他的母亲——威尔士女王戴安娜（顺便说一句，她甚至离婚后还戴着它）。威廉解释说，虽然母亲人不在了，但他希望通过戒指，把她的精神留下来。

戴安娜王妃是个中间小孩，该有的个人挑战都面对了。她的孩子和大众都会记住这位用心关爱的母亲。在育儿方面，人们对她没有抱太多期望，但她远远超越了低期望值。

许多中间小孩长大后都很会照顾孩子，灵活又坚定地驾驭家庭生活。"人们总说我好悠闲，"有两个孩子的中间小孩凯拉说，"我脑海里最先想到的总是让步。我和两个孩子都要懂得让步。"帮助中间小孩在其他领域立足的特质，也让他们成为值得模仿的父母。

中间小孩育儿方式背后的秘密

1.作为父母，中间小孩很神秘

迄今为止，几乎没有中间小孩育儿方式的研究。我最近的两项研究表明，虽然中间小孩是独裁型父母。但与预期相反，他们也比老大和老幺更偏向纵容。

2.他们对育儿工作比较投入

中间小孩不仅乐于建立自己的家庭，还会认真对待育儿职责。在所有出生顺序中，相比出生顺序，调查中的中间小孩应答者提供的注释多得多，他们会解释和维护自己的育儿行为。

3.中间小孩喜欢忙碌的家庭

虽然中间小孩与父母的感情不亲近，但他们通常与兄弟姐妹很亲近。他们很少会只要一个孩子，因为，他们更愿意让子女体会有兄弟姐妹的感觉。

4.伴侣关系和育儿方式一样关键

尽管大多数中间小孩把育儿奉为一生的最高使命，许多人也非常重视健康的伴侣关系。他们发现，伴侣关系和育儿方式一样重要，一样给人带来满足。

5.中间小孩的移情本性可能导致毫无作为

中间小孩与他们的孩子相处融洽。但是，有时候，他们也很难对孩子说"不"。对孩子的问题、情绪和行为过于敏感，会让中间小孩毫无作为。

6.赛场并不总是平坦的

根据文化和性别的不同，育儿方式和孩子对此的感知也会不同。所以，适用著名的三大育儿分类（纵容型、独裁型和命令型）划分父母类型时，还有一些限制条件。

7.中间小孩领先一步

一共五个有益的重要育儿特质，中间小孩全都有积极体现。

第十章　对未来的展望

"从现在起，我要按自己的想法连线。"

——比尔·沃特森《凯文和跳跳虎》

（Bill Watterson，*Calvin & Hobbes*）

总有人问我为什么研究中间小孩。

"你不知道，家庭人数在减少吗？"

"你都当不成中间小孩——为什么还要管它？"

"就没人会生在大家庭了吗？"

首先，我觉得出生顺序有意思。我父亲是个中间小孩，我有的朋友是中间小孩。而且，坦白说，我觉得，关于中间小孩为什么这样，还没有充足的信息说明。世界上有千百万名中间小孩。研究出生顺序对中间小孩的塑造，与研究老大、老幺和独生子女一样有价值。

但我也有一种紧迫感。

我研究出生顺序的20年中，我班里的中间小孩越来越少，自愿参与研究的中间小孩也越老越少。未来的趋势似乎都在跟风：在美国，每家平均有两个孩子。虽然这不像中国香港那样低，每家一个孩子——也不像索马里那样高，每家六个孩子——这一点值得注意，因为，如果这样的趋势继续下去，我们的中间小孩必然会消失。虽然这些统计数据只是平均数，但小家庭的整体趋势却很明显。在许多西方国家，中间小孩变得越来越罕见。

"人口爆炸"怎么办

自有历史记录以来，直到大约200年前，人口增长平稳适中。时不时会出现涨落——如14世纪，全球人口因黑死病减少一半——但是，人口增长模式是稳定的。

直到19世纪，突然出现了一次真正的人口爆炸。

工业革命开始影响日常生活的方方面面：机械化根本上改善了生产、商业和家庭生活。医药更容易获得，许多工作岗位纷纷出现。人口曲线图的轨迹急剧上扬，因为发展中国家的父母生的孩子越来越多。孩子多不再是负担，而是资产。大家庭变得很必要：子女们抱成一团，一家人一起照顾孩子，子女们一起进工厂打工。孩子多的家庭形成社会支持网，组成社会结构。在1800年，全球人口接近20亿。到1970年，人口总数几乎增加了一倍。现在，只过了40年，人口总数达到60亿。

因此，造出了一个新词"人口爆炸"。经济学家预测，世界会出现大量人口过剩，孩子们会因食物和资源缺乏饿死。人类承受不了这样的人口增长率。像中国这样的国家开始实行"独生子女"政策。人们不再认为大家庭就有发展。

今天，我们世界的大量人口是中间小孩，但是，在下一代，对于超过两个孩子的家庭，就会出现无声的偏见。孩子"太多"就表明对环境不敬，这不仅是卖弄，也很自私。人们认为孩子多危害很大：压力太大；分享太多时间和资源；有太多张嘴要填。我最近的经历表明了这种动态：我母亲有七个兄弟姐妹，虽然生活不富裕，但舒适满意。可是，今天，我朋友卡萝尔希望有四个孩子。因为担心经济和生活，她只要了两个。观念变化得多快啊。

发展中国家的出生率仍然很高，但发达国家当前的人口增长率不足每家两个。这意味着，父辈死后，没有足够的孩子出来代替。在法国，政府鼓励家庭生孩子。在德国，年轻夫妇通常只有一两个孩子。在日本，人口增长率急剧下降。

那么，这意味着什么？这表明，出生的中间小孩越来越少。

对我而言，西半球家庭人数的减少，不全是正面的趋势（不仅是因为我研究时找不到参与者）。如果每个家庭继续只有一两个孩子，我认为，从长远来看，整个社会都会受损。这也是我写这本书的部分原因：为了宣布中间小孩的天赋和倾向；为了提醒我们，这些被忽视的技能是世界运转不可缺少的一部分。也许，只有关注这些特质，认识他们对整个文明的重要性，我们才能在中间小孩逐渐流失的情况下，还能继续改善社会。

西方社会的做法

对现代社会的一个常见抱怨是，人们太关注自我。说到底，西方社会现在的年轻人被称为"自我的一代"。他们被视为"只盯着肚脐眼"的一群人——我想要的是我应得的，我现在就要！——他们希望及时行乐，必须把他们的需要和意愿放在首位。虽然我认为这是夸大（毕竟，课堂上鼓励正念文化，要把下一代训练得更加慷慨、更有全球视野），但这却是事实。

从更大范围上讲，整个文化的自私做法不利于我们为了构建强大的社会，牺牲更大的利益。有人甚至会说，从微观上看，一些父母更多是从自私的动机出发，而不是为了更大的利益。比如，"直升机父母"（用来描述过于喜欢监视孩子生活的父母）其实是在随心所欲，而不是为了孩子好。他们要知道，本质上讲，自立感和适当的自尊对孩子很关键。可是，这些父母却情不自禁地守在孩子旁边。为什么？因为直升机式徘徊让他们觉得在做好事，带来满意感。

但是，我在本书中认为，成功的育儿方式不全是时间和关注，而是为家庭生活找到更有益、更现实的方式。在大家庭中，孩子要分享关注。老大——有时是老幺——得到的关注更多，中间小孩很早就上过痛苦但重要的一课：有时候，要把其他人放在首位。

很明显，大家庭与小家庭的动态是不同的。家里孩子一多，没人能随时满足自己的需求。不可能同时让每个人都高兴。延迟享乐是最基本的特征。孩子们要努力投入，明白怎么相处。如果你不是亲代关注的唯一焦点，你就不可能过分膨胀自大。这类表现也对我们在外的生活至关重要。

我们知道，中间小孩没有其他出生顺序获得的关注多。但是，从许多方面说，他们因此变得更加优秀和坚强。许多中间小孩认为，不关注他们是不公平的（尤其是他们年轻时），但其实，这是应对未来的完美训练。毕竟，在现实生活中，你很少能想要什么，就得到什么。为了生活美满幸福，人必须学会谈判和妥协，有时甚至是熬过阴霾。为了取得进步，人必须经常挑战现状。

只有一两个孩子受关注的家里，这种能力也会半途而废。可是，许多人认为，孩子少就代表重视质量，而不是数量。他们认为，父母更好地把时间和投资放在一两个孩子身上，最终对孩子有好处。在某些情况下，这当然是没错的。例如，对一个经济困难的家庭而言，多生孩子是不明智的。不是所有人能当好父母。在现实中，不是所有人应该生孩子。当然，在某一点上，家庭规模会变得棘手，孩子不得不忍受关注和资源的缺乏。但我相信，少不一定就是好。

整本书谈论过中间小孩和他们对世界的影响后，他们对家庭和社会的积极动态是显而易见的。如果人口中没有中间小孩，我们会失去什么？这值得我们最后看一眼。这样，我们就能吸取经验，并启发我们和孩子的生活——进而创造更美好的世界。

拥有两个孩子以上的家庭通常经历以下动态：

1.更多分享与谈判。

大家庭的孩子很小就懂得分享，谈判满足自己的需求。中间小孩尤其如此。从未来生活技能方面来讲，这些也许是最重要的。中间小孩卡尔加里有5个孩子。他解释说："我从来没玩过新玩具。我不在乎。其实，我根本没意识到。

但是，我十几岁有了第一份工作后，我给自己买了一辆全新的自行车，你不知道我有多开心。"另一位中间小孩是6个孩子中的老三，他是这样说的："现在，我长大了，我真正明白，如果我想要什么，就要靠自己。"

想象一下，如果人们不懂分享，却经常要求/请求他们分享知识、观点和资源，世界会变成什么样。解决冲突和谈判技巧通常不是天生的，而是随着时间后天培养的。小时候，在家和学校的社交，让我们更直观地面对交际能力。长大后，在应对爱情和工作的现实世界时，交际能力变成一种重要的技能。我们什么时候该介绍先进思想，建议彻底变化，或反驳别人观点？我们该怎么处理对手的进攻？我们应该默不作声，还是反应激烈？我们应该慷慨大方，还是学会克制？独生女汉娜承认，她和同事一起工作时有困难，因为他们觉得她太直接了。"不管怎样，我有时会错过顺利谈判的机会。我想，我太习惯索取了。"在大家庭中，你不会认为一切理所当然。

2.小孩喜欢犯错的自由。

今天的父母害怕让孩子犯错，因为，似乎任何失误都会影响孩子的长期成就。结果，父母觉得要对孩子的每一个行为负责——比如，孩子因为不做数学作业而得了D；孩子因为闹铃响了不起床，而有4次被课后留校；或者孩子被朋友拒绝了。所有的经历都叫父母痛苦。担心孩子成绩受影响（他们能上什么大学？），或担心孩子感情受伤（他们怎么找伴侣？）都会起到巨大的反作用。

许多父母都不想承认——不过，我猜大多数父母都意识到了——从自己的错误中得到教训通常是最好的方式。中间小孩由于在家中的位置，更有可能自由地犯错和从中得到教训。中间小孩帕米生在4个孩子的家庭（最小的是一对双胞胎）。她在成长中要经常照顾自己。她喜欢热闹的家庭聚餐和假期，但是日常生活是非常繁忙的。双胞胎一出生，帕米就要自己起床穿衣，准时搭车，做家庭作业和自己坐车看电影。"不知道有多少次，我作业晚交或没交。"她说。可现在，上高三后，她比大多数人都自立，成了非常自信的尖子生。

能自由犯错的中间小孩会为自己的行为负责。他们更倾向于预见结果，而不是依赖幸运（或父母）扭转局面。他们长大后，不太可能因为自己的过失责备别人，能更好地把握自身特别的长处和短处。

3.个别孩子经历的压力较少。

现在，我们都知道，相比后出生的孩子，每个家庭的老大获得的亲代关注更多。无论一家有几个孩子——不管是一个，还是五个——老大必然成为亲代关注的唯一焦点（至少暂时可以），并从中受益和煎熬。但是，家里有三个或三个以上的孩子时，父母压力的消极影响会降到最低。哈代一家就是最好的例证。

老大乔希和老二麦迪逊的个性完全对立。乔希自由散漫，很显然，无论在任何事上，他都不想多下功夫。他是个聪明善良的孩子，但因为成绩不理想让父母失望透顶。相反，麦迪逊精力旺盛，做事主动，关注每一个细节。如果家里只有两个孩子，他们的对比无疑对两人都有害。不过，莎拉降生了。

莎拉是老幺，性情完全不同。她做事喜欢慢慢来，热情体会每一刻。学校不是她的最爱。她的魅力和乐观，让她成为优秀的伙伴。她弱化乔希和麦迪逊的锋芒，父母非常感激她。"没有莎拉，"母亲说，"我想，家里就会变成战场。她减轻乔希的一些压力，夺走麦迪逊的一些光芒。有了她，我们更加平衡了。"

不当焦点的另一个好处是，孩子更自由地做真实的自我，而不是遵从父母的想象。这通常是好事。研究和实例一次次地证明，真正的动机和意愿，并出色把握个人能力，有助于获得更多、更真实的幸福感。

4.做父母也是熟能生巧。

哈代一家的中心思想很明确：乔希很小时候，父母给他报名学空手道和钢琴。他一开始踢足球，后来换成长曲棍球。麦迪逊出生后，父母拖着她去参加乔希的活动。但是，乔希从来没对任何课外活动感兴趣。最后，麦迪逊喜欢上了体育。她对自己的兴趣热情投入。过了没多久，父母就发现，乔希不像妹妹那样，能从活动中获得同样的满足感。小莎拉稍大些，能安排活动时，她拒绝参与一切活动。"我们在乔希和麦迪逊身上费了劲，我们都有压力，"凯瑟琳说，"我们认为，那样是做'好事'。其实，直到莎拉大约5岁时，我才开始明白怎么做好孩子的父母。我们要明白，成功和幸福的形式是非常不同的。"

等父母有了三四个孩子，就更了解自己的育儿方式。面对性格不同的孩子不仅让人谦虚，还极有启发。父母学会选择战场，享受成功。最重要的是，他们能够把自己的渴望，与孩子的实际能力和倾向更好地匹配起来。

5.与众不同是可以的。

当今的世界越来越全球化，人们在职业生涯中要换十几次工作，在个人生活中要扮演多重角色，拥有固定的世界观或强硬的个性绝对是无益的。

大家庭的孩子——尤其是中间小孩——更有可能从各方面开放地表现自我。他们把自己看成大局的一部分。因为他们一辈子没做过关注的中心，他们也明白，自己也不是宇宙的中心。所以，他们就能正视障碍，更好地与他人合作。他们尊重差异。

中间小孩能够接受多样化，开放地迎接新挑战和新经历。这种特质在职场上变得越来越宝贵。人们一生中要换许多次工作和住所，因此必须懂得灵活。雅各布是三个男孩中的中间小孩，现在是一位影片剪辑师。但一开始，他当过记者，然后是广告经历，最后搬到美国西海岸从事电影行业。"我花了一段时间，才弄清想做什么，但那也没关系，"他说，"我知道，要学会接受许多选择。"因此，愿意考虑新机遇，懂得灵活是非常重要的特质。

合上书后，我们要知道什么

我花了许多时间，在线讨论中间小孩的经历，阅读他们的担忧，观察他们在交谈和文章中的视角。那个群体对当中间小孩大多持消极态度。不用花很长时间就能发现，上网发泄的中间小孩感觉受到了不公的忽视。他们中许多人感觉自卑失望。在现实生活中，我认识或采访过的中间小孩似乎都没那么消极，但还是能察觉到他们的愤恨。

我感觉，这是完全没必要的。我认为，当中间小孩意识到，他们因为成长中使用的策略，而形成了珍贵的技能时，他们就会明白自己身上有很多优点。我希望，中间小孩读完这本书后，能够相信自己的能力，明白小时候获得的关注少可能有助于未来。

中间小孩和父母要意识到这些优势（还有劣势），并妥善利用。以下是中间小孩要学会的几个教训：

· 你小时候受到的亲代关注多少，并不代表你会成为什么样的人。

· 自尊是最好的收获。它提醒你，世界不会围着你转。

· 有时，你要懂得躲开，尤其是你被利用时。

· 有时，你要行动起来——例如，当你无法避免冲突时。

· 如果你继续寻找人生道路——承担预计风险，你就会成为最幸福的人。

· 你本来就温和沉稳，所以，不要害怕偶尔打破现状。

中间小孩的朋友和父母要理解并尊重中间小孩的做事方式。他们希望相处荣融洽的愿望，不是让人利用的。我希望，本书能让所有人看到，他们的同理心和灵活性是包谷的技能，而不是任人利用的弱点。在第一章，我提到朋友莱斯利。她是一个爱付出的中间小孩，常常被人利用。但是，一旦她思想成熟，就能把善良慷慨当成天赋，并小心呵护。但是，她首先要意识到，这些是宝贵的技能。

而且，不要因为中间小孩与老大取得成就的方法不同，我们就认为他们不会取得突出成就。从书中要学到一点，我们各自走的路是不一样的。旅途顺利的第一步，就是认可和鼓励个人潜力。

最后，从研究的角度来看，中间小孩和其他出生顺序一样，需要得到同样的关注。在出生顺序领域，还有许多工作要做。但是，在这真正开始前，研究者和指导者不能再把中间小孩和老幺混为"后出生的孩子"一类了。那是不准确的。我们需要更多可靠的研究，把中间小孩单独分类，并研究性别的影响。我早期的一些研究表明，特定出生顺序影响在女性中更明显，其他则在男性身上更常见。随着女性在商界和政界的角色越来越重要，研究这类影响会不会影响未来社会，变得越来越重要。

另一个显著的变化是，尽管发展中国家人口增长趋平，多胞胎的数量却在显著增加。这也应该进一步研究。在1980年至1999年，多胞胎的总体比率增加了近60%，高龄母亲的多胞胎增长率最高。由于越来越多的夫妻采用多产技术，这种趋势会继续增长。这对家庭动态和出生顺序的影响是巨大的。三胞胎中的老二是不是自动成为中间小孩？还是出生顺序由孩子的个人性格决定呢？在一个家庭中，如果多个孩子年龄一样大（同时进入同一个发育标志，需要的关注一样多），为了获得同样多的亲代关注，孩子会采用什么策略呢？在多胞胎的家庭中，中间小孩的特质还能继续出现吗？还是就像一家的孩子全是老大或老幺一样？

谁知道呢？或许，每个孩子最后都像中间小孩，才是最理想的状态。我期待这些领域的更多研究。

未来是什么样的

我们都听过可怕的警告，在未来，我们未来不再参与真正的人类联系。我们只要独自坐在桌前或躺在虚拟现实舱中，不用看其他人的眼睛，就能随心所欲地经历一切。所以，从长远来看，认识和学习中间小孩带给社会的特质，又有什么重要的？这些技能不会很快淘汰吗？

不过，我们先等会儿。如果面对面交流不再重要，只要通过邮件或网络广播就能工作——或者，别管未来有什么新技术、新方法——为什么视频会议技术发展如此迅速呢？即使人们不能握手，只用对着无形的"电颤音"开会，我们在处理日常业务时，也会希望有一些人际交流。这是我们千万年来的基因，也可能继续下去。

即使我们的交流模式改变了，我也相信，我们的工作生活也会需要中间小孩身上的各种技能。只要我们需要与另一个人交流，谈判技能、打破常规思维和移情感知就很关键。在我们的人际生活中，这些仍是宝贵的特质。我们对社会的定义会改变，但成功交流的促成因素不会改变。

回首过去，我常常对我爸爸有疑问。他大概会怎么看待我的工作，尤其是这本书？作为中间小孩，他在工作和家庭生活中做到了出色的平衡（他明智地娶了一个有条理的老大——我妈妈）。他工作勤奋，让孩子享受他没有得到的便利。可是，他还是一位讲究实践的父亲。因为他的缘故，我比同龄的孩子自立很多。我总是很感激这一点。我想，他用自己的养育方式，让老大和老幺拥有了中间小孩的一些优点。

从中间小孩身上，我们还有许多东西要学。作为谈判者，他们花时间从其他视角看问题。这种意见的交换对双方利益都有好处。作为开拓者，中间小孩承担预计风险，发现最好的路通常路人也少。我们的社会当然还需要正义追寻者，因为他们明白，生命中还有比经济回报更重要的东西。在只有小家庭的未来人口中，我不希望中间小孩的自立和灵活特点消失——尤其是，当我们的世界最需要这些特殊技能的时候。

作为父母和老师，我们能学到中间小孩显露的特点，运用到对下一代的培养和教育上。如果我们都像一点中间小孩，那也是件好事。

参考文献

第一章

Ansbacher, H. L., and Ansbacher, R. R. *The Individual Psychologyof Alfred Adler.* New York: Harper, 1964.

Ernst, C., and Angst, J. *Birth Order: Its Influence on Personality.*Berlin: Springer-Verlag, 1983.

Galton, F. *English Men of Science: Their Nature and Murture.* NewYork: A. Appleton and Company, 1874.

Herrera, N. C.; Zajonc, R. B.; Wieczorkowska, G.; and Cichomski, B.(2003). "Beliefs about birth rank and their reflection in reality."*Journal of Personality and Social Psychology* 85, 142–150.

Leman, K. (2006, 5th print). *The Birth Order Book: Why You Are the WayYou Are.* Grand Rapids, MI: Revell.

Lougheed, L. W., and Anderson, D. J. (1999). "Parent blue- footedboobies suppress siblicidal behavior of off spring."*Behavioral Ecologyand Sociobiology* 45, 11–18.

Nyman, L. (2001). "The identifi cation of birth order personality attributes."*The Journal of Psychology* 129, 51–59.

Salmon, C., and Daly, M. (1998). "The impact of birth order on familialsentiment:

Middleborns are different."*Human Behavior and Evolution*19, 229–312.

Sulloway, F. J. (1996). *Born to Rebel: Birth Order, Family Dynamics, andCreative Lives*. New York: Pantheon.

Trivers, R. L. (1974). "Parent- off spring conflict."*American Zoologist* 14,249–264.

第二章

Bereczkei, T., and Dunbar, R. I. M. (1997). "Female- biased reproductivestrategies in a Hungarian Gypsy population."*Proceedings of the RoyalSociety, London, B*, 264, 17–22.

Bereczkei, T., and Dunbar, R. I. M. (2002). "Helping-at-the-nest andsex-biased parental investment in a Hungarian Gypsy population."*Current Anthropology* 43, 804–809.

Daly, M., and Wilson, M. (1988). *Homicide*. Hawthorne, NY: Aldine.

Daly, M., and Wilson, M. (1995). "Discriminative parental solicitude andthe relevance of evolutionary models to the analysis of motivationalsystems."In *The Cognitive Neurosciences*, M. Gazzaniga, ed., pp.1269–86. Cambridge, MA: MIT Press.

Dickemann, M. (1979). "Female infanticide, reproductive strategies, andsocial stratification: a preliminary model."In *Evolutionary Biology andHuman Social Behavior*, N.A. Chagnon and W. Irons, eds., pp.321–367. North Scituate, MA: Duxbury Press.

Gaulin, S. J. C., and Robbins, C. J. (1991). "Trivers- Willard eff ect incontemporary North American society."*American Journal of PhysicalAnthropology* 85, 61–69.

Hamilton, W. D. (1964). "The genetical evolution of social behavior."*Journal of Theoretical Biology* 7, 1–16.

Koch, H. L. (1956). "Some emotional attitudes of the young child inrelation to characteristics of his sibling."*Child Development* 27,393–426.

Lee, B. J., and George, R. M. (1999). "Poverty, early childbearing andchild maltreatment: A multinomial analysis."*Children and YouthServices Review* 21, 755–780.

Lindstrom, D. P., and Berhanu, B. (2000). "The effects of breastfeedingand birth spacing on infant and early childhood mortality in Ethiopia."*Social Biology* 47, 1–17.

Parker, G. A.; Mock, D. W.; and Lamey, T. C. (1989). "How selfishshould stronger sibs be?"*American Naturalist* 133, 846–868.

Salmon, C. A., and Daly, M. (1998). "Birth order and familial sentiment:Middleborns are different."*Evolution and Human Behavior* 19,299–312.

Segal, N. L. (1999). *Entwined Lives: Twins and What They Tell Us AboutHuman Behavior*. New York: Dutton.

Sulloway, F. J. (1996). *Born to Rebel*. New York: Pantheon.

Sulloway, F. J. (1999). "Birth Order."In *Encyclopedia of Creativity 1*,M. A. Runco and S. Pritzker, eds., pp. 189–202. San Diego: AcademicPress.

Trivers, R. L. (1974). "Parent-offspring conflict."*American Zoologist* 14,249–264.

Trivers, R. L., and Willard, D. (1973). "Natural selection of parentalability to vary the sex-ratio of off spring."*Science* 179, 90–92.

Voland, E., and Gabler, S. (1994). "Differential twin mortality indicates acorrelation between age and parental effort in humans."*Naturwissenschaften*81, 224–225.

Reeves, R. (2007). *President Nixon: Alone in the White House*. New York:Simon and Schuster, p.13.

Gannon, Frank: Feb 9, 1983. *Richard Nixon/ Frank Gannon Interviews.*Day 1,

Tape 1, 01:12:41; Day 1, Tape 2, 01:17:09

http://www.brainyquote.com/quotes/authors/t/tom_cruise.html

第三章

Bancroft, G. (1865). *Our Martyr President, Abraham Lincoln: Voices fromthe Pulpit of New York and Brooklyn*. New York: Tibbals and Whiting,p.400.

Beck, E.; Burnet, K. L.; and Vosper, J. (2006). "Birth-order effects onfacets of extraversion."*Personality and Individual Differences* 40,953–59.

Bender, M. (1983). "The Empire and Ego of Donald Trump."*New YorkTimes*, August 7.

Hall, A. (2002). "Curing a Sickness Called Success."*Sunday Times*,December 15.

Courtiol, A.; Raymond, M.; and Faurie, C. (2009). "Birth order affectsbehaviour in the investment game: Firstborns are less trustful andreciprocate less."*Animal Behaviour* 78, 1405–1411.

Henshaw, L. (2002). "A study of self- esteem in middle children."Unpublishedmaster's thesis, Rowan University.

Herndon, W. H., and Weik, J. W. (2009). "Herndon's Lincoln: A truestory of a great life."New York: Cosimo Classics, 487–88.

Karrass, C. L. (1994). *The Negotiating Game*. New York: Harper Paperbacks.

Kidwell, J. S. (1982). "The neglected birth order: Middleborns."*Journal ofMarriage and the Family* 44, 225–235.

Paulhus, D. L.; Trapnell, P. D.; and Chen, D. (1999). "Birth order effectson personality and achievement within families."*Psychological Science*10, 482–488.

Saraglou, V., and Fiasse, L. (2003). "Birth order, personality, and religion:A study among young adults from a 3- sibling family."*Personality andIndividual Differences*

35, 19–29.

Syed, M. U. (2004). "Birth order and personality: A methodologicalstudy."Unpubl ished master's thesis, San Francisco State University.

Trump, D. (2004). *Trump: The Art of the Deal*. New York: BallantineBooks, p. 50.

http://www.dattnerconsulting.com/presentations/birthorder.pdf

http://www.knesset.gov.il/process/docs/sadatspeech_eng.htm

第四章

Bjerkedal, T.; Kristensen, P.; Skjeret, G.A.; and Brevik, J.I. (2007). "Intelligencetest scores and birth order among young Norwegian men (conscripts) analyzed within and between families."*Intelligence* 35, 503–514.

Ernst, C., and Angst, J. (1983). *Birth Order: Its Infl uence on Personality*.New York: Springer, p. 240.

Gates, B. (1995). *The Road Ahead*. New York: Viking.

Eschelbach, M. (2009). "Crown princes and benjamins: Birth order andeducational attainment in East and West Germany."BGPE DiscussionPaper 85. University of Erlangen- Nuremberg.

Kalmuss, D., and Davidson, A. (1992). "Parenting expectations, experiences,and adjustment to parenthood: A test of the violated expectationsframework."*Journal of Marriage and the Family 54*, 516–526.

Kennedy, G. E. (1989). "Middleborns'perceptions of family relationships."*Psychological Reports* 64, 755–760.

Marjoribanks, K. (1995). "Ethnicity, birth order, and family environment."*Psychological Reports* 84, 758–760.

Musun- Miller, L. (1992). "Sibling status effects: Parents'perceptions oftheir own children."*Journal of Genetic Psychology* 154, 189–198.

Plomin, R., and Daniels, D. (1987). "Why are children in the same familyso different from each other?"*Behavioral and Brain Sciences* 10, 1–16.

Plomin, R.; Asbury, K.; and Dunn, J. (2001). "Why are children in thesame family so different from each other? Non- shared environment adecade later."*Canadian Journal of Psychiatry* 46, 225–33.

Rothbart, M. K. (1972). "Birth order and mother- child interaction in anachievement situation."In U. Bronfenbrenner (ed.), *Influences onHuman Development*, 352–65. Hinsdale, Illinois: The Dryden PressInc.

Saad, G.; Gill, T.; and Nataraajan, R. (2005). "Are laterborns moreinnovative and nonconforming consumers than firstborns? A Darwinianperspective."*Journal of Business Research* 58, 902–909.

Salmon, C. A., and Daly, M. (1998). "Birth order and familial sentiment:Middleborns are different."*Evolution and Human Behavior* 19, 299–312.

Salmon, C., and Janicki, M."The impact of sex and birth order onparental investment and social exchange."Unpublished manuscript.

Sen, A., and Clemente, A. (2010). "Intergenerational correlations ineducational attainment: Birth order and family size effects usingCanadian data."*Economics of Education Review* 29, 147–155.

Suitor, J., and Pillemer, K. (2007). "Mothers'favoritism in later life."*Research on Aging* 29, 32–55.

Sulloway, F. J. (1996). *Born to Rebel*. New York: Pantheon.

Sulloway, F. J., and Zweigenhaft, R. L. "Birth order and risk taking inathletics: A meta-analysis and study of major league baseball players."*Personality and Social Psychology Review* 14, 402–416.

Syed, M. U. (2004). "Birth order and personality: A methodologicalstudy."Unpubl
ished master's thesis, San Francisco State University.

第五章

Adler, A. (1956). *The Individual Psychology of Alfred Adler*. H. L. Ansbacherand
R. R. Ansbacher (eds.). New York: Harper Torchbooks, p. 380.

Douglass, W. O. (1949). Stare Decisis. *Columbia Law Review* 49, 735–758.

Grose, M. (2003). *Why Firstborns Rule the World, and Lastborns Want toChange
It*. Sydney, Australia: Random House.

Healy, M. D. (2009). "effects of birth order on personality: A
withinfamilyexamination of sibling niche differentiation."UnpublishedPh.D. thesis.
University of Canterbury.

Herrera, N. C.; Zajonc, R. B.; Wieczorkowska, G.; and Cichomski, B.(2003).
"Beliefs about birth rank and their refl ection in reality."*Journal of Personality and
Social Psychology* 85, 142–150.

McGuire, K. T. (2008). *Justices and Their Birth Order: An Assessment ofthe
Origins of Preferences on the U.S. Supreme Court*. Paper presentedat the annual
meeting of the Midwest Political Science Association,Chicago, April 3- 6, 2008.

Sulloway, F. J. (1996). *Born to Rebel*. New York: Pantheon.

Pink, D. (2006). *A Whole New Mind: Why Right- Brainers Will Rule theFuture*.
New York: Riverhead Trade.

Plowman, I. C. (2005). "Birth order, motives, occupational role choiceand
organizational innovation: An evolutionary perspective."UnpublishedPh.D. thesis,
University of Queensland.

Zweigenhaft, R. L., and Von Ammon, J. (2000). Birth order and civildisobedience:

A test of Sulloway's 'Born to Rebel'hypothesis. *TheJournal of Social Psychology* 140, 624–27.

http://www.unc.edu/~kmcguire/papers.html

http://www.time.com/time/magazine/article/0,9171,913732-1,00.html

http://www.anc.org.za/ancdocs/history/mandela/1990/release.html

http://www.afscme.org/about/1549.cfm

http://mlk-kpp01.stanford.edu/index.php/encyclopedia/documentsentry/doc_
remaining_awake_through_a_great_revolution/

http://www.eliewieselfoundation.org/

第六章

Barsade, S. G., and Gibson, D. E. (2007). "Why does aff ect matter inorganizations?"*Academy of Management Perspectives*, February, 36–59.

Bhide, A. (1999). *How Entrepreneurs Craft Strategies That Work*. Boston:Harvard Business School Press, p. 83.

Bronson, P. (2005). *What Should I Do with My Life?: The True Story ofPeople Who Answered the Ultimate Question*. New York: BallantineBooks.

Leong, F. T. L.; Hartung, P. J.; Goh, D.; and Gaylor, M. (2001). "Appraisingbirth order in career assessment: Linkages to Holland's andSuper's models."*Journal of Career Assessment* 9(1), 25–39.

Levine, M. (2005). *Ready or Not, Here Life Comes*. New York: Simon andSchuster.

Moore, K. K., and Cox, J. A. (1990). "Doctor, lawyer . . . or Indian chief?Theeffects of birth order."*Baylor Business Review*, winter, 18–21.

Murawski, M.; Miederhoff , P.; and Rule, W. (1995). Birth order andcommunication skills of pharmacy students. *Perceptual and MotorSkills* 80, 891–95.

Palmer, P. (1999). *Let your Life Speak: Listening for the Voice of Vocation.*New York: Jossey- Bass, p. 15.

Plowman, I. C. (2005). "Birth order, motives, occupational role choiceand organizational innovation: An evolutionary perspective."UnpublishedPh.D. thesis, University of Queensland.

Sulloway, F. J. (2010). "Why siblings are like Darwin's fi nches: Birthorder, sibling competition, and adaptive divergence within thefamily."In *The Evolution of Personality and Individual Diff erences* D.M. Buss and P. H. Hawley (eds.), pp. 86–120. New York: OxfordUniversity Press.

Steinbeck, J. (1958). *Once There Was a War*. New York: Bantam, p. 65.

http://www.achievement.org/autodoc/page/del0int- 7

http://www.nytimes.com/2010/05/16/business/16corner.html?_r=1

http://www.bls.gov/news.release/pdf/nlsoy.pdf

http://www.leadershipnow.com/couragequotes.html

http://www.careerbuilder.com/share/aboutus/pressreleasesdetail.aspx?id=pr453&sd=8%2f20%2f2008&ed=12%2f31%2f2008

第七章

Cooper, A. (1997). "George Burns", Playboy Magazine: 26.

Draper, P., and Harpending, H. (1982). Father absence and reproductivestrategy: An evolutionary perspective. *Journal of AnthropologicalResearch* 38, 255–73.

Gottfried, M. (1996). *George Burns: The Hundred-Year Dash*. New York:Macmillan Publishing Company.

Henshaw, L. (2002). "A study of self- esteem in middle children."Unpublishedmaster's thesis."Rowan University.

Herrera, N. C.; Zajonc, R. B.; Wieczorkowska, G.; and Cichomski, B.(2003). "Beliefs about birth rank and their refl ection in reality.""*Journal of Personality and Social Psychology* 85, 142–150.

Kidwell, J. S. (1982). "The neglected birth order: Middleborns."*Journal ofMarriage and the Family* 44, 225–235.

Miller, N., and Maruyama, G. (1976). "Ordinal position and peerpopularity."*Journal of Social and Personality Psychology* 33, 123–131.

Mysterud, I.; Drevon, T.; and Slagsvold, T. (2006). "An evolutionaryinterpretation of gift- giving behavior in modern Norwegian society."*Evolutionary Psychology* 4, 406–425.

Parker, J. G.; and Asher, S. R. (1987). "Peer relations and later personaladjustment: Are low- accepted children at risk?"*Psychological Bulletin*102, 357–389.

Roff , M., and Sells, S. B. (1970). "Juvenile delinquency in relation to peeracceptance- rejection and socioeconomic status."*Psychology in theSchools* 5, 3–18.

Rutherford, Megan, Nov. 13, 2000. "Pal Power"*Time*,http://www.time.com/time/magazine/article/0,9171,998457,00.html.

Salmon, C. A. (2010). "The impact of birth order on sexual attitudes andbehaviour."Presentation at Human Evolution and Behavior annualmeeting in Eugene, Oregon.

Salmon, C. A. (2003). "Birth order and relationships: Family, friends andsexual partners."*Human Nature* 14, 73–88.

Salmon, C. A., and Daly, M. (1998). "The impact of birth order onfamilial sentiment: Middleborns are different."*Evolution and HumanBehavior* 19, 299–312.

Sells, S. B., and Roff , M. (1964). "Peer acceptance- rejection and birthorder."*Psychology in the Schools* 1, 156- 162.

Sulloway, F. J. (1996). *Born to Rebel: Birth Order, Family Dynamics, andCreative Lives*. New York: Oxford University Press.

Usher, Shaun (March 11, 1996) *The Daily Mail* 32.

Weller, L.; Natan, O.; and Hazi, O. (1974). "Birth order and marital blissin Israel."*Journal of Marriage and the Family* 36, 794–797.

Zecher, Henry (1996). "Goodnight, George! The world's best- loved cigarsmoker takes his fi nal bow."*The Pipe Smoker's Ephemeris*, Dunn, T.(ed.), Winter/Summer 1996, 7.

第八章

Andrews, P. W. (2005). "Parent- off spring confl ict and cost- benefitanalysis of adolescent suicidal behavior."*Human Nature* 17, 190–211.

Argys, L. M.; Rees, D. I.; Averett, S. L.; and Witoonchart, B. (2006)."Birth order and risky adolescent behavior."*Journal of EconomicInquiry* 44, 215–233.

Brandon, N. (2001). *The Psychology of Self- Esteem*. Hoboken, N. J.:Jossey- Bass.

Bronson, P., and Merryman, A. (2009). *NurtureShock: New ThinkingAbout Children*. New York: Twelve.

Harris, J. R. (1998). *The Nurture Assumption: Why Children Turn Out theWay They Do*. New York: Free Press, p. 349.

Johnson, E., and Novack, W. (1993). My Life. Greenwich, Conn.:Fawcett.

Kennedy, G. E. (1989). "Middleborns'perceptions of family relationships."*Psychological Reports* 64, 755–760.

Kidwell, J. S. (1982). "The neglected birth order: Middleborns."*Journal ofMarriage and the Family* 44, 225–235.

Kidwell, J. S. (1981). "Number of siblings, sibling spacing, sex, and birthorder: Their effects on perceived parent- adolescent relationships."*Journal of Marriage and the Family* 43, 315–32.

Lampi, E., and Nordblom, K. (2010). "Money and success: Sibling andbirth order effects on positional concerns."*Journal of EconomicPsychology* 31, 131–142.

Levin, M. (2008). *The Price of Privilege: How Parental Pressure andMaterial Advantage Are Creating a Generation of Disconnected andUnhappy Kids.* New York: Harper Paperbacks.

Levine, M. (2005). *Ready or Not, Here Life Comes.* New York: Simon andSchuster.

Salmon, C.A. (1998). "The evocative impact of kin terminology inpolitical rhetoric."*Politics and the Life Sciences* 17(1), 51–57.

Salmon, C. A., and Daly, M. (1998). "The impact of birth order onfamilial sentiment: Middleborns are different."*Evolution and HumanBehavior* 19, 299–312.

Sells, S. B., and Roff , M. (1968). "Juvenile delinquency in relation to peeracceptance- rejection and socioeconomic status."*Psychology in theSchools* 5, 3–18.

Sells, S. B., and Roff , M. (1964). "Peer acceptance- rejection and birthorder."*Psychology in the Schools* 1, 156–162.

Taylor, J. (2003). *Positive Pushing: How to Raise a Successful and HappyChild.* New York: Hyperion.

Thirteen (2003). Movie cowritten by Catherine Hardwicke and NikkiReed and directed by Catherine Hardwicke.

Watkins, Jr., C. (1992). "Birth order research and Adler's theory: Acritical review."*Individual Psychology* 48, 357–368.

http://www.usatoday.com/money/companies/management/entre/2008-12-07-magic-johnson-urban-business_N.htm.

第九章

Assor, A.; Roth, G.; and Deci, E. L. (2004). "The emotional costs ofparents'conditional regard: A self determination theory analysis."*Journal of Personality* 72, 47–89.

Baumrind, D. (1966). "effects of authoritative parental control on childbehavior."*Child Development 37*, 887–907.

Baumrind, D. (1967). "Child care practices anteceding three patterns ofpreschool behavior."*Genetic Psychology Monographs* 74, 43–88.

Beauregard, M.; Courtemanche, J.; Paquette, V.; and St.- Pierre, E. L.(2009). "The neural basis of unconditional love."*Psychiatry Research:Neuroimaging* 172, 93–98.

Bednar, D. E., and Fisher, T. D. (2003). "Peer referencing in adolescentdecision making as a function of perceived parenting style."*Adolescence*38, 607–621.

Brooks, R., and Goldstein, S. (2002). *Raising Resilient Children*. NewYork: McGraw Hill, p. 7.

Darwin, C. (1992). *Autobiography of Charles Darwin and Selected Letters*.F. Darwin (ed). New York: Dover Publications, pp. 90–92.

Dogan, S. J.; Conger, R. D.; Kim, K. J.; and Masyn, K. E. (2007)."Cognitive and parenting pathways in the transmission of antisocialbehavior from parents to adolescents."*Child Development* 78, 335–349.

Forer, L. K., and Still, H. (1977).*The Birth Order Factor*. New York:Pocket Books.

Goleman, D. (1997). *Emotional Intelligence: Why It Can Matter MoreThan IQ.* New York: Bantam Publishers, p. 28.

Kohn, A. (2009). "When a parent's 'I love you'means 'do as I say,'"*NewYork Times*, NY Edition, Sept. 15, D5.

Levin, M. (2008). *The Price of Privilege: How Parental Pressure andMaterial Advantage Are Creating a Generation of Disconnected andUnhappy Kids.* New York: Harper Paperbacks, p. 94.

Loomis, C. L. (2006). "A conversation with Warren Buff ett,"*FortuneMagazine*, June 25.

Rothrauff , T. C.; Cooney, T. M.; and An, J. S. (2009). "Rememberedparenting styles and adjustment in middle and late adulthood."*Journal of Gerontology B Psychological Sciences* 64, 137–146.

Shor, E. L. (2004). *Caring for Your School-Age Child.* New York: Bantam,p. 53.

Steinberg, L.; Lamborn, S. D.; Dornbusch, S. M.; and Darling, N.(1992). "Impact of parenting practices on adolescent achievement:Authoritative parenting, school involvement, and encouragement tosucceed."*Child Development* 63, 1266–1281.

http://www.americanrhetoric.com/speeches/princeharrydianaeulogy.htm

http://www.time.com/time/business/article/0,8599,1843839,00.html

http://www.time.com/time/specials/2007/artic le/0,28804,1595326_1615754_1616304,00.html

http://www.guardian.co.uk/uk/1999/oct/13/monarchy.features11

http://www.nytimes.com/2009/09/15/health/15mind.html